3D 打印丛书

3D 打印

技 术 导 论

杨继全 郑 梅 杨建飞 朱莉娅 顾 海｜著

杨继全｜主审

南京师范大学出版社

NANJING NORMAL UNIVERSITY PRESS

图书在版编目(CIP)数据

3D打印技术导论 / 杨继全，郑梅等著. — 南京：南京师范大学出版社，2016.5
(3D打印丛书)
ISBN 978-7-5651-2379-5

Ⅰ. ①3… Ⅱ. ①杨… ②郑… Ⅲ. ①立体印刷—印刷术 Ⅳ. ①TS853

中国版本图书馆 CIP 数据核字(2015)第 246273 号

丛 书 名	3D打印丛书	
书　　名	3D打印技术导论	
著　　者	杨继全　郑　梅　等	
主　　审	杨继全	
责任编辑	于丽丽	
出版发行	南京师范大学出版社	
地　　址	江苏省南京市玄武区后宰门西村 9 号(邮编：210016)	
电　　话	(025)83598919(总编办)　83598412(营销部)　83598297(邮购部)	
网　　址	http://www.njnup.com	
电子信箱	nspzbb@163.com	
照　　排	南京理工大学资产经营有限公司	
印　　刷	南京玉河印刷厂	
开　　本	787 毫米×960 毫米　1/16	
印　　张	9	
字　　数	152 千	
版　　次	2016 年 5 月第 1 版　　2018 年 7 月第 3 次印刷	
书　　号	ISBN 978-7-5651-2379-5	
定　　价	36.00 元	

出 版 人　彭志斌

前　言

3D 打印技术是正在迅速发展的一项集光、机、电、计算机、数控及新材料等学科于一体的先进制造技术，是被称为引领第三次工业革命的制造技术。美国《时代》周刊已将 3D 打印产业列为"美国十大增长最快的工业"。3D 打印技术目前已被广泛应用于汽车制造、航空航天、建筑、教育科研、卫生医疗以及娱乐等领域，受到制造业界及各类用户的普遍重视。为落实国务院关于发展战略性新兴产业的决策部署，加快推进我国增材制造(3D 打印)产业健康有序发展，随着中国制造业 2025 规划的出炉，国家工信部等部门联合出台了《国家增材制造产业发展推进计划(2015—2016 年)》，提出加快 3D 打印技术专业人才的培养。

本书适应于普通高等工科学校和高职高专的 3D 打印技术和智能制造专业学生使用，也可以供相关工程技术人员参考，本书主要介绍 3D 打印技术的基本知识、工作原理、应用软件、应用场合和发展趋势。

全书内容共分 5 章。第 1 章为绪论，简要介绍 3D 打印技术的基本知识，包括 3D 打印的基本概念、成型原理、定义、特点、主要成型工艺及国内外 3D 打印技术发展现状和趋势等；第 2 章介绍 3D 打印的基础理论，主要包括现代成型理论、精度研究、变形机理等；第 3 章介绍 3D 打印的软件技术，主要包括正向软件设计、逆向软件设计、模型的支撑技术、模型的分层切片技术等；第 4 章介绍 3D 打印的材料技术，包括各种类型的打印成型材料及成型件的后处理；第 5 章介绍 3D 打印技术应用。本书在文字叙述上，力求深入浅出、图文并茂，通俗易懂。为便于教师和学生的学习，本书每章配有复习思考题及相关电子资源。本书由南京师范大学杨继全教授主审，南京师范大学杨建飞、郑梅、朱莉娅以及南通理工学院顾海负责编写。

本书在编写过程中，参考了大量的相关资料，除书末注明的参考文献外，其余的参考资料主要有:公开出版的各类报纸、刊物和书籍;因特网上的检索。本书中所采用的图片、模型等素材,均为所属公司、网站或个人所有,本书引用仅为说明之用,绝无侵权之意,特此声明。在此向参考资料的各位作者表示谢意!

在编写本书的过程中,南京师范大学和江苏省三维打印装备与制造重点实验室各位老师,以及杭州先临三维科技股份有限公司的王红梅、施永忠给予了许多无私帮助与支持,尹亚楠、王璟璇、姜杰、张泽、董妍妍、王聪聪、方彦麟、张瑶瑶、位帅帅等研究生做了大量的资料查阅和汇总等工作,最后衷心感谢南京师范大学出版社在本书出版过程中给予的大力支持。

本书的出版得到国家自然科学基金(51407095、51605229、50607094、61601228、61603194)、国家重点研发计划(2017YFB1103200)、江苏省科技支撑计划(工业)重点项目(BE2014009)、江苏省科技成果转化专项资金重大项目(BA201606)、江苏省高校自然科学基金(16KJB12002)等项目的支持。

由于作者水平有限,书中的疏漏和错误在所难免,恳请读者批评指正,多提宝贵意见,使之不断完善,作者在此预致谢意。

作者于南京
2018 年

缩略词表

3DP：Three Dimensional Printing，三维印刷成型

ABS：Acrylonitrile Butadiene Styrene，工程塑料

AM：Additive Manufacturing，三维打印、增材制造

CAD：Computer Aided Design，计算机辅助设计

CATIA：Computer-graphics Aided Three Dimensional Interactive Apptication，计算机辅助三维交互设计应用

CBCT：Cone Beam Computed Tomography，锥形束计算机层析成像

CD：Electroless Chemical Deposition，无电化学沉积，也称无电电镀

CLIP：Continuous Liquid Interface Production，连续液面制造

CMM：Coordinate Measure Machine，三坐标测量机

CP：Construction Printing，建筑打印

CT：Computed Tomography，计算机断层扫描

DLP：Digital Light Processing，数字光处理成型

ECD：Electro Chemical Deposition，电化学沉积，也称电镀

FDM：Fused Deposition Modeling，熔融沉积制造

FGM：Functionally Graded Materials，功能梯度材料

Free From：Free From Modeling Plus，3D 触觉设计学院

LOM：Laminated Object Manufacturing，叠层实体制造

MSL：MicroStereo Lithography，微光造型

PA：Polyamide，尼龙

PC：Polycarbonate，聚碳酸酯

PLA：Polylactide，聚乳酸

PMMA：PolymethylMethacrylate，聚甲基丙烯酸甲酯

PP：Polypropylene，聚丙烯

PPSU：Polyphenylene Sulfone Resins，聚苯砜

PS：Polystyrene，聚苯乙烯

PVD：Physical Vapour Deposition，物理蒸发沉积

RE：Reverse Engineering，逆向工程

RM：Rapid Manufacturing，快速制造

RP：Rapid Prototyping，快速原型

RPM：Rapid Prototyping and Manufacturing，快速成型

RT：Rapid Tooling，快速模具

SLA(SL)：Stereo Lithography Apparatus，光固化成型

SLS：Selected Laser Sintering，选择性激光烧结

STL：Stereo Lithography，一种数据文件格式

UAM：Ultrosonic Additive Manufacturing，超声波增材制造

UG：Uni Graphics，三维设计软件

UV：Ultravillet Rays，光敏树脂

目　录

前　言 …………………………………………………………………………… 1

缩略词表 ………………………………………………………………………… 1

第1章　绪　论 ………………………………………………………………… 1

　1.1　概述 ……………………………………………………………………… 1

　　1.1.1　3D打印的基本概念 ………………………………………………… 2

　　1.1.2　3D打印成型原理 …………………………………………………… 3

　　1.1.3　3D打印技术的特点 ………………………………………………… 7

　1.2　主流的3D打印成型工艺 ………………………………………………… 8

　　1.2.1　3D打印工艺分类 …………………………………………………… 8

　　1.2.2　光固化成型(SLA) ………………………………………………… 8

　　1.2.3　叠层实体制造(LOM) ……………………………………………… 10

　　1.2.4　选择性激光烧结(SLS) …………………………………………… 12

　　1.2.5　熔融沉积制造(FDM) ……………………………………………… 13

　　1.2.6　三维印刷成型(3DP) ……………………………………………… 14

　　1.2.7　各成型工艺比较 …………………………………………………… 15

　1.3　国内外3D打印技术发展现状和趋势 …………………………………… 16

　　1.3.1　国外3D打印技术发展现状 ………………………………………… 17

　　1.3.2　国内3D打印技术发展现状 ………………………………………… 18

　　1.3.3　3D打印技术的发展趋势 …………………………………………… 20

　1.4　3D打印技术的学科体系和知识结构 …………………………………… 21

　1.5　发展3D打印学科的必要性 ……………………………………………… 21

第2章　3D打印基础理论 ················· 24

2.1　概述 ····························· 24
2.2　现代成型理论 ····················· 25
2.2.1　成型理论内容 ··················· 25
2.2.2　产品成型过程 ··················· 25
2.3　3D打印的离散—叠加过程研究 ········· 27
2.3.1　离散—叠加过程的三个层次 ········ 27
2.3.2　STL数据文件格式 ··············· 28
2.4　3D打印零件的变形机理 ·············· 32
2.4.1　3D打印零件的特点 ·············· 32
2.4.2　3D打印零件变形的宏观表现 ······· 33
2.4.3　光固化成型工艺的零件变形 ········ 33
2.5　3D打印零件的精度研究 ·············· 35
2.5.1　3D打印技术的精度概述 ··········· 36
2.5.2　影响3D打印零件精度的因素 ······· 37
2.5.3　数据处理误差 ··················· 37
2.5.4　成型加工误差 ··················· 40
2.5.5　后处理误差 ···················· 43

第3章　3D打印软件技术 ················· 45

3.1　概述 ····························· 45
3.2　设计方法分类 ····················· 46
3.2.1　正向设计 ······················ 46
3.2.2　逆向设计 ······················ 47
3.2.3　正逆向混合设计 ················· 47
3.3　正向设计软件 ····················· 48
3.3.1　3DS MAX ····················· 48
3.3.2　Rhino ······················· 49
3.3.3　SketchUp ···················· 51
3.3.4　Pro/Engineer ················· 52
3.3.5　SolidWorks ··················· 53
3.3.6　其他设计软件 ··················· 54

3.3.7　格式转换软件 ································· 56

3.4　逆向设计技术 ································· 58

3.4.1　逆向设计概述 ································· 58

3.4.2　三维数据反求技术 ························· 59

3.4.3　数据反求技术分类 ························· 60

3.4.4　三维扫描技术 ································· 61

3.4.5　典型逆向设计软件 ························· 63

3.5　模型支撑添加技术 ························· 65

3.5.1　添加支撑的必要性 ························· 65

3.5.2　添加支撑的原则 ···························· 66

3.5.3　添加支撑的类型 ···························· 67

3.6　模型分层切片技术 ························· 68

3.6.1　分层切片的概念 ···························· 68

3.6.2　分层切片的方法 ···························· 69

3.6.3　分层切片对模型精度的影响 ············ 71

3.7　3D 打印控制软件 ···························· 73

第4章　3D 打印材料技术 ························· 78

4.1　概述 ·· 78

4.2　SLA 工艺成型材料 ························· 79

4.2.1　光固化的概念 ································· 79

4.2.2　光敏树脂的特性 ···························· 80

4.2.3　光敏树脂研究现状 ························· 81

4.2.4　几种常见光敏树脂 ························· 83

4.2.5　SLA 支撑材料 ······························ 85

4.3　LOM 工艺成型材料 ························· 86

4.3.1　LOM 材料组成 ····························· 86

4.3.2　纸质片材 ····································· 88

4.3.3　陶瓷片材 ····································· 88

4.4　SLS 工艺成型材料 ························· 89

4.4.1　金属粉末材料 ································· 89

4.4.2　高分子粉末材料 ···························· 91

4.4.3　陶瓷粉末材料 ································· 92

4.4.4 覆膜砂粉末材料 ················· 92

4.4.5 其他材料 ················· 93

4.5 FDM 工艺成型材料 ················· 95

4.5.1 FDM 材料要求 ················· 95

4.5.2 FDM 材料研究现状 ················· 96

4.5.3 ABS 材料 ················· 97

4.5.4 PLA 材料 ················· 98

4.5.5 FDM 支撑材料 ················· 98

4.6 3DP 工艺成型材料 ················· 99

4.6.1 陶瓷粉料 ················· 99

4.6.2 石膏粉末 ················· 100

4.7 成型件的后处理 ················· 100

4.7.1 剥离 ················· 100

4.7.2 修补、打磨和抛光 ················· 101

4.7.3 表面涂覆 ················· 101

第 5 章 3D 打印技术应用 ················· 104

5.1 概述 ················· 104

5.2 3D 打印技术在工业制造的应用 ················· 106

5.3 3D 打印技术在医学领域的应用 ················· 107

5.4 3D 打印技术在航空航天的应用 ················· 116

5.5 3D 打印技术在建筑领域的应用 ················· 118

5.6 3D 打印技术在其他领域中的应用 ················· 121

5.7 各成型工艺应用案例 ················· 127

5.7.1 SLA 应用 ················· 127

5.7.2 LOM 应用 ················· 128

5.7.3 SLS 应用 ················· 130

5.7.4 FDM 应用 ················· 131

5.7.5 3DP 应用 ················· 132

参考文献 ················· 135

第1章 绪 论

人猿相揖别,是因为古人能够手工制造工具并且使用工具;今人区别于古人,是因为能够用机器自动化大规模制造工具。人类进化至今,一个崭新的文明标志就是能够用机器制造机器。从某种意义上说,当前被赋予无限想象力的3D打印机正是这种能够制造机器的机器。

——胡迪·利普森,梅尔芭·库曼《3D打印:从想象到现实》

1.1 概述

3D打印技术,属于新一代绿色高端制造业,与智能机器人、人工智能并称为实现数字化制造的三大关键技术。

3D打印(Three Dimensional Printing,3DP)是一个通俗、形象的名词概念,在学术界一般又被称为三维打印、增材制造(Additive Manufacturing,AM)、快速成型(Rapid Prototyping and Manufacturing,RPM)等。3D打印的过程就像我们盖房子一样,把成型材料一层一层地堆积起来逐渐形成有一定形状的三维物体,这就是离散—叠加成型原理,它是把计算机辅助设计(Computer Aided Design,CAD)模型文件导入打印机软件中,控制打印材料逐层地堆积出三维实物的一种先进制造技术。图1-1所示就是一些通过3D打印技术制造的模型。

图 1-1　3D 打印技术制造的模型

1.1.1　3D 打印的基本概念

首先了解与"3D 打印"概念相似的几个概念：快速成型、快速模具、快速制造、增材制造。

快速成型（RPM）是在制作模型或原型的快速原型（Rapid Prototyping，RP）技术的基础上进行制造功能的扩展而形成的制造技术。它诞生于 20 世纪 80 年代后期，集机械工程、CAD、逆向工程技术、分层制造技术、数控技术、材料科学、激光技术于一身，可以自动、直接、快速、精确地将设计思想转变为具有一定功能的原型或直接制造零件，从而为零件原型制作、新设计思想的校验等方面提供一种高效的实现手段。目前国内外，尤其是传媒界习惯把快速成型叫作"3D 打印"或者"三维打印"，显得比较生动形象，用它来代指所有快速成型技术。但是实际上，"3D 打印"只是快速成型的一种成型工艺，只能代表部分快速成型工艺中的一部分。

快速模具（Rapid Tooling，RT），是指一般依照 RP 制作的原型或者现有的原型件，通过真空注塑或消失模铸造等方法制作出原型的阴模，然后再生产具有一定形状、尺寸和表面精度制品的成型方法。比起传统的锻造及 CNC（数控铣床）加工等方法，RT 技术的成本更低、周期更短，更适合运用于中小批量的生产。

快速制造（Rapid Manufacturing，RM），是指利用 RP 技术制作出的原型或模型，通过 RT、CNC 数控技术等加工方法获得具有一定功能的零件或产品的成型技术。快速制造与一般的快速成型技术相比，其特点在于可以间接生产功能性较强的零件或最终产品，而不是像其他快速成型技术仅能制作可观赏而不能直接使用的产品，因此，快速制造更能够适应从单件产品生产到批量的个性化产品制作。在新产品开发方面，RM 技术由于集成了 RP、RT 和 CNC 等技术，因此更具有柔性，更具竞争力。

增材制造（AM）是采用材料逐渐累加的方法制造实体零件的技术，相对于传统的材料去除与切削加工技术而言，它是一种"自下而上"的成型方法。其含义比 RP 或 RPM 更为宽泛，如用于修复破损金属零部件的激光熔覆技术，由于其成型过程是通过高能量激光把金属粉末熔化，使其与已有零件的破损部位相融合而达到修复目的，因此该激光熔覆技术不属于 RP 范畴，但却属于 AM 范畴。2009 年，美国材料与试验协会 ASTM 成立了 F42 委员会，该委员会将 AM 定义为："Process of joining materials to make objects from 3D model data, usually layer upon layer, as opposed to subtractive manufacturing methodologies." 即一种与传统的材料去除加工方法截然相反的，基于三维 CAD 模型数据，通常采用逐层制造方式制造三维物理实体模型的方法。

本书采用"3D 打印"一词来泛指 RP、RPM、AM 等所涉及的所有技术，不再区分 RP、RPM 和 AM 之间的不同和关联。

1.1.2　3D 打印成型原理

3D 打印成型的基本原理是把一个通过设计或者扫描等方式得到的 3D 数字化模型按照某一方向或坐标轴切成多个 2D 剖面，然后一层一层打印出来并按原来的位置依次堆积起来，形成一个实体模型。其形象示意图如图 1-2 所示，图中左侧的人体模型可被视作由右侧的多个剖面层片按序叠加而成。

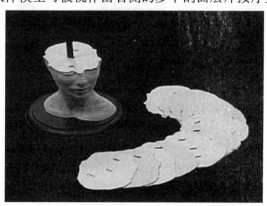

图 1-2　3D 打印成型原理形象示意图

3D 打印成型过程为：先通过建模软件制作出三维的 CAD 模型，再将该 CAD 模型"分解"成多个逐层的截面，从而指导打印机逐层打印。具体可以分为以下四个步骤。

第一步：获得三维 CAD 模型。

通过三维建模设计或者扫描实际生活中的物体得到可以用于打印的三维模型。常用的 3D 建模软件有 Cinema 4D、ZBrush、Poser、Maya、Softimage XSI、Solidworks、Catia、AutoCAD、VariCAD、Pro/E、UG、3DS 等。设计软件和打印机之间协同工作的标准文件格式是 STL(Stereo Lithography)文件格式，是由美国 3D Systems 公司于 1988 年制定的接口标准。STL 文件使用三角面片来近似模拟物体的表面，三角面片越小、数量越多，则其生成的表面分辨率越高。图 1 - 3 所示为同一个 CAD 模型采用不同数量的三角面片来表示的效果。显然，图 1 - 3(a)表示的 STL 模型精度远低于图 1 - 3(c)表示的 STL 模型，但是其文件的大小却大大降低。

(a) 三角面片数量 2 086 个　　　(b) 三角面片数量 6 488 个　　　(c) 三角面片数量 78 824 个
　　（文件大小 101 KB）　　　　　（文件大小 316 KB）　　　　　（文件大小 3.75 MB）

图 1 - 3　不同数量的三角面片表示的 CAD 模型

第二步：CAD 模型数据处理。

把要打印的 STL 格式的 CAD 模型导入到打印控制软件中（见图 1 - 4）。导入后，打印机控制软件对该 CAD 模型进行切片分层，获得一系列离散的切片，并对每层二维切片进行数据处理以用于打印控制（见图 1 - 5）。

图 1-4　CAD 模型导入打印控制软件中

图 1-5　CAD 模型切片分层

第三步:实现打印过程。

把每个切片的数据信息传给 3D 打印机的控制系统,通过读取每个切片的加工信息,用成型材料将这些切片逐层地打印出来,即控制成型材料有规律地、精确地、迅速地层层堆积起来而形成三维的原型,针对不同的成型材料,有不同的打印工艺,这种技术的特点在于其几乎可以造出任何形状的物品。

打印机打出的截面的厚度方向(Z 方向)以及平面方向(X-Y 方向)的分辨率是以每英寸的像素(Dots Per Inch,DPI)或者微米来计算的。一般而言,打印层厚为 100 微米,即0.1毫米,也有部分打印机如 Stratasys 公司的 Objet Connex 系列、3D Systems 公司的 ProJet 系列可以打印出 16 μm 的层厚。而平面方向则可以打印出跟激光打印机相近的分辨率,打印出来的"墨水滴"的直径通常为 $50 \sim 100$ μm。根据模型的尺寸以及结构复杂程度而定,用传统方法制造出一个模型通常需要数小时到数天,而用 3D 打印技术则可以大大缩短制作时间,当然实际成型时间是由打印机的性能以及模型的尺寸和结构复杂程度而定的。

传统的制造技术如注塑法能够以较低的成本制造批量化产品,而 3D 打印技术则能以更便捷以及更低成本的办法生产数量相对较少的产品或模型。一个桌面尺寸的 3D 打印机就可以满足设计者或概念开发小组制作模型的需要。图 1-6 所示为一台已经打印出塑料成型件的 3D 打印机。

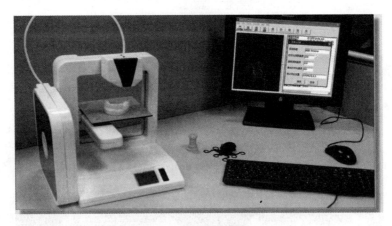

图 1-6　打印出塑料成型件的 3D 打印机

第四步:成型件后处理。

3D 打印机的分辨率对大多数应用来说已经足够,在弯曲的表面可能会比较粗糙,微观上如同图 1-7 上的锯齿,要获得更高分辨率的物品可以通过如下方法:先用当前的 3D 打印机打出稍大一点的物体,再通过表面打磨即可得到表面光滑的"高分辨率"物品。有些技术在打印的过程中还会用到支撑物,比如在打印一些有倒挂状的物体时就需要用到一些易于去除的东西(如可熔性支撑材料)作为支撑物。

从 3D 打印系统上取下的制件往往需要剥离支撑结构,去除废料,有的还需要进行后固化、修补、打磨、抛光和表面强化处理等,这些工序被统称为后处理。修补、打磨、抛光是为了提高表面的精度,使表面光洁;表面涂覆是为了改

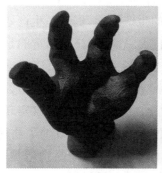

图 1-7 打印的模型及其局部放大图

变表面的颜色,提高强度、刚度和其他性能。经过后处理便可得到最终需要的模型零件。

总体而言,从成型的角度,零件可被视为一个空间实体,它是点、线、面的集合。3D 打印的成型过程是体—面—线的离散与点—线—面的叠加的过程,即三维 CAD 模型—二维平面(实体)—三维原型的过程。具体流程如图 1-8 所示。

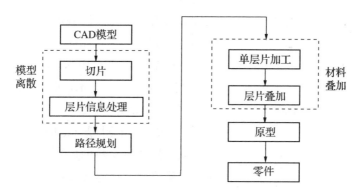

图 1-8 3D 打印的离散—叠加过程

1.1.3 3D 打印技术的特点

3D 打印带来了世界性的制造业革命,以前是部件设计完全依赖于生产工艺能否实现,而 3D 打印机的出现颠覆了这一生产思路,这使得企业在生产部件的时候不需要再考虑生产工艺问题,任何复杂形状的设计均可以通过 3D 打印机来实现。

3D 打印具有四大优势:① 3D 打印是直接数字化制造,从三维 CAD 模型直接制造出产品,减少或省略了毛坯准备、零件加工、装配等中间工序,且无需昂贵的刀具或模具,从而极大地缩短了产品的生产周期,提高了生产效率。加工过程中无振动、噪声和切削废料,实现了环保。② 3D 打印制造的是完全定制的、个性化的独特产品,设计空间无限,特别是在医疗领域可以根据病人条件,量身定做,提高了效率。③ 数据打印产品在没有售出之前是用数字传输的,模型文件在互联网上传输所需费用极微。此外,3D 打印不仅实现了按需制造,而且实现了就地制造,即在使用地点制造,这种方式节约了物流成本。④ 数据打印能够最大限度地发挥材料的特性,而不在意制品构造是否复杂,仅把材料放在有用的地方,材料无限组合,大大减少了材料的浪费,提高了材料利用率,降低了成本。

1.2　主流的 3D 打印成型工艺

1.2.1　3D 打印工艺分类

3D 打印工艺有多种,一般按成型方法分类,可分为以下几类:基于紫外光源和光敏树脂固化的成型技术,如光固化成型(Stereo Lithography Apparatus, SLA/SL)、数字光处理成型(Digital Light Processing, DLP)、微光造型(MicroStereo Lithography, MSL)、连续液面制造(Continuous Liquid Interface Production, CLIP)等;采用薄片材料切割叠加的成型技术,如采用 PVC 薄膜或纸质薄片的叠层实体制造(Laminated Object Manufacturing, LOM);采用超声波焊接方法制作金属零件的超声波增材制造(Ultrosonic Additive Manufacturing, UAM)等;采用高功率激光器加热材料的成型技术,如选择性激光烧结(Selected Laser Sintering, SLS);采用材料挤出成型的技术,如塑料丝材加热挤出成型的熔融沉积制造(Fused Deposition Modeling, FDM)、混凝土挤出成型的建筑打印(Construction Printing, CP)等;基于数字微喷方法的成型技术,如三维印刷成型(Three Dimensional Printing, 3DP)等。

1.2.2　光固化成型(SLA)

1987 年,美国 3D Systems 公司推出了名为 Stereo Lithography Apparatus (SLA)的快速成型装置,即光固化成型,有人称之为立体印刷装置、激光立体造型、激光立体光刻、光造型等。因为目前 SLA 中的光源不再是单一的激光器,还有其他新的光源,如紫外灯等,但是各种 SLA 使用的成型材料均是对某特种光束敏感的树脂,因此,以下称 SLA 工艺为光固化成型。常用的光固化成型有两种加工方式:自由液面式和约束液面式。

1. 自由液面式

自由液面式 SLA 的成型过程:液槽中盛满液态光固化树脂(即光敏树脂),一定波长的激光光束按计算机的控制指令在液面上有选择地逐点扫描固化(或整层固化),每层扫描固化后的树脂便形成一个二维图形。一层扫描结束后,升降台下降一层厚度,进行第二层扫描,同时新固化的一层牢固地黏在前一层上,如此重复直至整个成型过程结束。如图 1-9 所示。

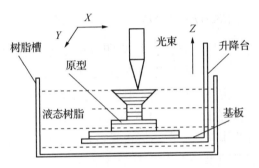

图 1-9 自由液面式成型图

2. 约束液面式

约束液面式与自由液面式的方法正好相反:光从下面往上照射,成型件倒置于基板上,即最先成型的层片位于最上方,每层加工完之后,Z 轴向上移动一层距离,液态树脂充盈于刚加工的层片与底板之间,光继续从下方照射,最后完成加工过程。如图 1-10 所示。

约束液面式可提高零件制作精度,不需使用刮平树脂液面的机构,制作时间较短。其流程如图 1-11 所示。图 1-11 中:① 为加工前的状态,此时,基板(上方深灰色部分)与玻璃窗(树脂槽底部)间充满液态光敏树脂,两者的距离为第一层固化厚度,激光头位于玻璃窗的下方;② 为激光固化第一层的情形;③ 为第一层加工完毕,激光束关闭,此时,刚固化的一层牢牢地黏在基板上;④ 为基板上升,上升的距离为第二层的固化厚度,液态树脂又迅速填充入第一固化层与玻璃窗间的间隙,等待下一次固化。如此反复,直至原型件加工完毕。

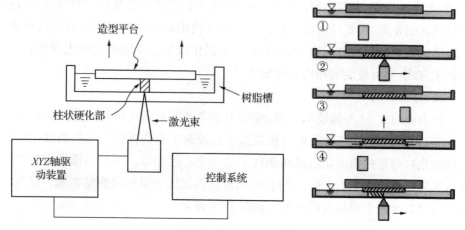

图 1‑10 约束液面式工作原理　　　图 1‑11 约束液面式工作流程

　　光固化成型工艺是最早出现的 3D 打印成型工艺,成熟度高,其优势在于:原型件精度高,光洁度高,质量稳定,成型速度快,产品生产周期短,无需切削工具与模具,可以加工结构外形复杂或使用传统手段难以成型的原型和模具。

　　但光固化成型也存在缺点,如 SLA 系统造价高昂,使用和维护成本过高,同时 SLA 系统是要对液体进行操作的精密设备,对工作环境要求苛刻,对操作人员技能要求较高,而且成型件多为树脂类,制件的强度、刚度、耐热性有限,不利于长时间保存等。

　　目前,SLA 技术主要用于制造多种模具、模型等;还可以在原料中通过加入其他成分,用 SLA 原型模代替熔模精密铸造中的蜡模;在医学中用于手术的定位模型制作、医学教学辅具制作等。SLA 技术成型速度较快,精度较高,但由于树脂固化过程中产生收缩,不可避免地会产生应力或引起形变。因此光固化成型工艺的发展趋势是高速化、节能环保与微型化,开发收缩小、固化快、强度高的光敏材料是其发展趋势。不断提高的加工精度使之可能在生物、医药、微电子等领域大有作为。

1.2.3　叠层实体制造(LOM)

　　Michael Feygin 1984 年提出了叠层实体制造(LOM)方法,该方法又称分层实体制造法,并于 1985 年组建了 Helisys 公司,在 1992 年推出第一台商业机 LOM‑1015。其工艺原理是根据零件分层几何信息切割箔材、PVC 薄膜、纸等,将所获得的层片黏接成三维实体。

以纸为材料的 LOM 工艺为例,其成型过程是根据 CAD 模型各层切片的平面几何信息驱动激光头,对底部涂覆有热敏胶的纤维纸(厚度为 0.1～0.2 mm)进行分层实体切割。切割完一层后,送料机构将新的一层纸叠加上去,利用热黏压装置将已切割层黏合在一起,然后再进行切割,这样一层层地切割、黏合,最终成为三维工件。其成型原理如图 1-12 所示,LOM 的常用材料是纸、金属箔、塑料膜、陶瓷膜等,这种方法除了可以制造模具、模型外,还可以直接制造结构件或功能件。

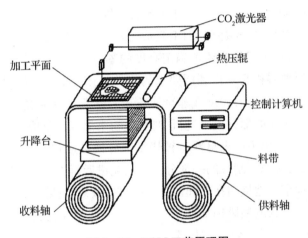

图 1-12 LOM 工艺原理图

LOM 工艺的优点是工作可靠、模型支撑性好、成本低、效率高,只需在片材上切割出零件截面的轮廓,而不用扫描整个截面,因此成型厚壁零件的速度较快,易于制造大型零件。工艺过程中不存在明显的材料相变,因此不易引起翘曲变形。工件外框与截面轮廓之间的多余材料在加工中起到了支撑作用,所以 LOM 工艺无需加支撑。但其缺点是成型材料浪费严重,表面质量差,前、后处理费时费力,该工艺不宜构建内部结构复杂的零件,也难以构建形状精细、多曲面的零件。

LOM 成型件主要用途如下:

(1)直接制作纸质或薄膜等材质的功能制件,用于新产品开发中工业造型的外观评价、结构设计验证。

(2)利用材料的黏接性能,可制作尺寸较大的制件,也可制作复杂薄壁件。

（3）通过真空注塑机制造硅橡胶模具，试制少量新产品。

（4）快速制模，包括采用薄材叠层制件与转移涂料技术来制作铸件和铸造用金属模具；采用薄材叠层方法制作铸造用消失模；制造石蜡件的蜡模、熔模精密铸造中的消失模等。

1.2.4　选择性激光烧结（SLS）

1986 年，美国 Texas 大学的研究生 Deckard 提出了选择性激光烧结（SLS）的思想，并于 1989 年获得第一个 SLS 技术专利，之后组建了 DTM 公司，于 1992 年推出 Sinterstation 2000 系列 SLS 成型机。

选择性激光烧结是一项分层加工制造技术，成型时需将三维数据转化为一系列离散的切片，每个切片描述了确定高度的零件横截面。SLS 设备通过把这些切片一层一层地累积起来得到所要求的物件。在成型每一层时，预先在工作台上铺一层粉末材料（金属粉末或非金属粉末），然后让激光在计算机控制下按照截面轮廓信息对实心部分粉末进行扫描，使粉末温度升至熔点进行烧结（零件的空心部分不烧结，仍为粉末材料），被烧结部分便黏接在一起形成了一个完整的片层，该层便成为原型制件的一部分。一层完成后再进行下一层的加工，新一层与其上一层被牢牢地烧结在一起。全部烧结完成后，去除多余的粉末，便得到烧结成型的零件。其成型原理如图 1 - 13 所示。成型原材料一般是尼龙粉末、热塑性塑料（ABS 塑料）、金属粉末、陶瓷粉末等。

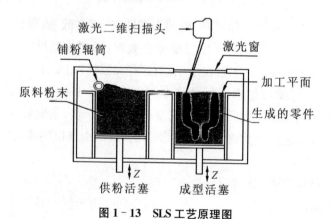

图 1 - 13　SLS 工艺原理图

SLS 工艺具有以下特点：

（1）可采用多种材料。从理论上讲，这种方法可采用加热时能够熔化的任何粉末材料,从高分子材料粉末到金属粉末、陶瓷粉末、石英砂粉末都可用作烧结材料。

(2) 制造工艺简单。由于未烧结的粉末可对模型的空腔和悬臂部分起支撑作用,不必像光固化成型和熔丝沉积制造工艺那样另外设计支撑结构,可以直接生产形状复杂的原型及部件。

(3) 材料利用率高。未烧结的粉末可重复使用,基本无材料浪费,成本较低。

(4) 成型精度依赖于所使用材料的种类、粒径、产品的几何形状及其复杂程度等,原型精度可达±1%。

(5) 应用广泛。由于成型材料的多样化,可以选用不同的成型材料制作不同用途的烧结件,如制作用于结构验证和功能测试的塑料功能件、金属零件和模具、精密铸造用蜡模和砂型、砂芯等。

SLS 工艺已经成功应用于汽车、造船、航天等行业,为传统制造业注入了新的生命力和创造力。随着 SLS 技术的发展,势必会对未来的制造业产生巨大的推动力。

1.2.5　熔融沉积制造(FDM)

Scott Crump 在 1988 年提出了熔融沉积制造(FDM)的思想,于 1992 年开发了第一台商业机型 3D Modeler。熔融沉积制造是一种制作速度较快的 3D 打印成型工艺。FDM 工艺的成型材料包括铸造石蜡、尼龙(聚酯塑料)、ABS 塑料、PLA 塑料等,以热塑性成型材料为主,可实现塑料零件无注塑成型制造。

FDM 工艺是将丝状的热熔性材料加热熔化,同时加热喷头在计算机的控制下,根据截面轮廓信息将材料选择性地涂敷在工作台上,快速冷却后形成一层截面。一层成型完成后,机器工作台下降一个高度(分层厚度),再成型下一层,如此反复直至形成整个实体原型。成型原理如图 1-14 所示。FDM 工艺的成型材料种类多,成型件强度较高,成型精度较高,主要适用于小塑料件成型。

该工艺的特点是使用和维护简单,成本较低,速度快,一般复杂程度较高的原型仅需要几个小时即可成型,且整个过程中无污染。由于 FDM 工艺干净,易于操作,能安全地用于办公环境,因此适应于产品设计的概念建模,以及产品的

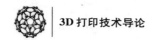

形状、功能测试。家用的个人 3D 打印机多采用这种工艺。

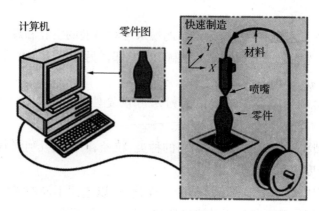

图 1-14　FDM 工艺原理图

1.2.6　三维印刷成型(3DP)

三维印刷成型是由麻省理工学院(MIT)的 Emanual Sachs 等人在 1993 年研制的,后被美国的 Soligen 公司以 DSPC(Direct Shell Production Casting)名义商品化,用以制造铸造用的陶瓷壳体和芯子。3DP 工艺与 SLS 工艺类似,采用粉末材料成型,如陶瓷粉末、金属粉末等。所不同的是,3DP 工艺成型时,材料粉末不是通过烧结连接起来,而是通过喷头用黏合剂(如硅胶等)将零件的截面"印刷"在材料粉末上面。

采用 3DP 工艺的 3D 打印机使用标准喷墨打印技术,通过将液态黏结剂喷射到粉末薄层上,以打印横截面数据的方式逐层创建各部件。采用这种技术打印成型的样品模型与 CAD 模型具有几乎同样的色彩,还可以将彩色分析结果直接描绘在模型上,模型样品所传递的信息较大。采用 3DP 工艺打印成型时,先铺一层粉末,然后使用喷嘴将彩色黏合剂喷在需要成型的区域,让材料粉末黏接形成零件截面,然后不断重复铺粉、喷涂、黏接的过程,层层叠加,获得最终打印出来的零件。其成型原理如图 1-15 所示。这种技术的特点在于几乎可以制造出任何形状的彩色物品。

由于完成原型制作后,原型件完全被埋没于工作台的粉末中,操作员要小心地把工件从工作台中取出,再用气枪等工具吹走原型件表面的粉末。一般刚成型的原型件本身很脆弱,在稍大压力下会粉碎,所以原型件完成后需涂上一层蜡、乳胶或环氧树脂等渗透剂以提高其强度。

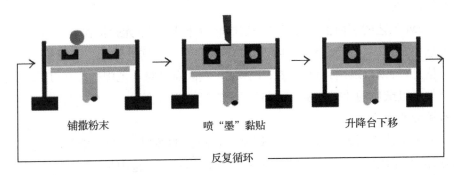

铺撒粉末　　　　喷"墨"黏贴　　　　升降台下移

反复循环

打印中　　　　最后一层　　　　打印成件

图 1-15　3DP 工艺原理图

　　3DP 工艺的最大特点是能够制作彩色成型件,多用于商业、办公、科研和个人工作室等环境。成型过程不需要支持,多余粉末的去除比较方便,特别适合于制作内部结构复杂的原型。根据打印方式的不同,3DP 工艺又可以分为热发泡式 3D 打印(如美国 3D Systems 公司的 Zprinter 系列——原属于 ZCorporation 公司,现已被 3D Systems 公司收购)、压电式 3D 打印(如美国 3D Systems 公司的 ProJet 系列和前不久被 Stratasys 公司收购的以色列 Objet 公司的 3D 打印设备)、DLP 投影式 3D 打印(如德国 Envisiontec 公司的 Ultra、Perfactory 系列)等。

1.2.7　各成型工艺比较

　　SLA 工艺使用的是遇到光照射便固化的液体树脂材料(也称光敏树脂),当扫描器在计算机的控制下扫描光敏树脂液面时,扫描到的区域就发生聚合反应和固化,这样层层加工即完成了原型的制造。SLA 工艺所用激光器的激光波长有限制,一般采用 He-Cd 激光器(325 nm)、Ar$^+$ 激光器(351 nm,364 nm)或紫外固体激光器(355 nm)。采用这种工艺成型的零件有较高的精度且表面光洁,但其缺点是可用材料的范围较窄,材料成本较高,激光器价格昂贵,从而导致零件制作成本较高。

LOM 工艺的层面信息通过每一层的轮廓来表示,激光扫描器动作由这些轮廓信息控制,它采用的材料是具有厚度信息的片材。这种加工方法只需要加工轮廓信息,所以可以达到很高的加工速度。其缺点是材料范围很窄,每层厚度不可调整。以纸质的片材为例,每层轮廓被激光切割后会留下燃烧的灰烬,且燃烧时有较大的烟。

SLS 工艺使用固体粉末材料,该材料在激光的照射下,吸收能量,发生熔融固化,从而完成每层信息的成型。这种工艺的材料适用范围很广,特别是在金属和陶瓷材料的成型方面有独特的优点。其缺点是所成型的零件表面光滑度较差。

FDM 工艺使用电能加热熔性材料,使其在挤出喷头前达到熔融状态,喷头在计算机的控制下将熔融的塑料丝喷涂到工作平台上,从而完成整个零件的加工过程。这种方法的能量传输和材料传输均不同于前面介绍的三种工艺,系统成本较低。其缺点是由于喷头的运动是机械运动,速度有一定限制,所以加工时间稍长;成型材料适用范围不广;喷头孔径不可能很小,因此原型的成型精度较低。

3DP 工艺是一种简单的三维印刷成型技术,可配合 PC 机使用,操作简单,速度快,适合在办公室环境下使用。其缺点是对于采用石膏粉末等作为成型材料的工艺,其工件表面顺滑度受制于粉末的粗细,所以工件表面粗糙,需用后处理来改善,并且原型件结构较松散,强度较低;对于采用可喷射树脂等作为成型材料的工艺,由于其喷墨量很小,每层的固化层片一般为 $10\sim30~\mu m$,加工时间较长,制作成本较高。

1.3　国内外 3D 打印技术发展现状和趋势

经过多年的发展,3D 打印技术已初步形成了一套体系,同时该技术可应用的领域也逐渐扩大,已涵盖产品设计、模具设计与制造、材料工程、医学研究、文化艺术、建筑工程等各个领域,其前景远大。随着智能制造的进一步发展与成熟,新的信息技术、控制技术、材料技术等不断被广泛应用到制造领域,3D 打印技术也将被推向更高的层面,3D 打印技术的发展向着精密化、智能化、通用化以及便捷化等主方向发展。由于看好 3D 打印技术所表现出来的广阔的应用前景,许多国家纷纷出台本国的 3D 打印发展规划,布局 3D 打印产业。在不久的将来,随着 3D 打印技术的进一步完善,不仅会从根本上改变延续近百年的现代制造业模式,而且会从各个方面影响着人类的生活方式。

3D 打印技术不仅正在改变物品制造的方法,而且还对人们生产和生活的各方面产生了强烈的冲击,引起了一系列的变革,可能还会成为新工业革命的推动力。例如,3D 打印改变了人们购买物品的过程,人们可以不再走进商店挑选款式有限的商品,而是在网上挑选自己喜好的样式,然后依靠 3D 打印技术制作出所需要的产品。美国 Freedom of Creation 公司就是这样一家 3D 打印创意物品的公司,他们在网上出售有创意的灯饰、家具、首饰等,没有实体货品,只要根据客户的需求定制、打印,无需物流和库存,因而显著减少了产品的成本。国内的京东等公司也开始在网上出售 3D 打印的产品。

虽然 3D 打印机可以进入家庭,但并非每个人都是设计师,都能够设计出有创意的物品。这种情况下,用户可以向设计公司购买创意产品的三维数据文件,下载后可以直接打印。同时,用户如果有新的设计创意,也可以挂到网上去销售,供别人下载。然而值得注意的是,设计创意一旦成为网上商品,下载之后即可进行 3D 打印,这也为知识产权保护带来新的问题,如何防止任意拷贝和无限传播还需要健全的法律来加以解决。

3D 打印技术的发展也给 3D 打印服务商带来了无限商机。例如,用户可以将 3D 数据模型直接传给专业的 3D 打印服务公司,委托他们打印。3D 打印服务商会提供不同的打印工艺和不同的材料以供选择,不仅可以很快把打印成品送货上门,而且可以帮助用户向全世界销售产品。美国 Shapeways 公司就是一家著名的 3D 打印服务商,它的广告宣传语是"通过 3D 打印制作和分享你的产品"。

1.3.1 国外 3D 打印技术发展现状

国外,尤其是欧美地区在 3D 打印技术方面的发展非常迅速。3D 打印技术正逐渐改变美国制造业的格局,2012 年美国《时代》周刊已将 3D 打印产业列为"美国十大增长最快的工业";英国《经济学人》杂志则认为它将"与其他数字化生产模式一起推动实现第三次工业革命"。

美国是世界上最重要的 3D 打印设备生产国,美国的 3D 打印发展水平及其

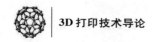

趋势可以说几乎代表了世界 3D 打印发展水平及趋势。

为振兴美国的制造业,2011 年 6 月,美国出台了扶持 3D 打印产业的诸多政策,数亿美元资金开始涌入这个新兴的行业。从国际市场来看,3D 打印成型市场本身已进入商业化阶段,出现了多种成型工艺及相应的软件及设备,如美国的 3D Systems、Stratasys、Z Corp 公司(已与 3D Systems 公司合并);德国的 EOS 公司,以色列的 Objet 公司(已与 Stratasys 公司合并),瑞典的 Arcam 公司,比利时的 Materialise 公司等。

为了充分利用新技术带来的新的发展机遇,更是为了在制造业转型升级过程中占得先机,西方发达国家在迎接"第三次工业革命"浪潮中,纷纷调整战略布局,及时推出各种措施,积极应对并且努力重塑在全球制造业领域的优势地位。

在此过程中,美国致力于实现四个方面的战略目标:① 大力推动创新成果的产业化;② 提高能够主导未来产业竞争的人才潜力;③ 通过智能创新和智能制造提高制造业生产率;④ 建设以分布式能源系统、物联网、下一代互联网为代表的全新的工业基础设施体系。

日本政府近几年也加大了企业开发 3D 打印等尖端技术的财政投入,快速更新制造技术,提高产品制造竞争力,并通过机器人、无人搬运机、无人工厂、"细胞生产方式"等手段突破成本瓶颈。2014 年,日本经济产业省继续把 3D 打印机列为优先政策扶持对象,计划投资 45 亿日元,实施名为"以 3D 造型技术为核心的产品制造革命"的大规模研究开发项目,开发世界最高水平的金属粉末造型用 3D 打印机。

德国提出的"工业 4.0"概念,成为引领世界制造业未来发展方向的理论。其核心概念是让制造领域内的资源、信息、物品和人之间相互关联形成"虚拟网络——实体物理相互映射的系统";其根本目标是通过构建智能生产网络,推动德国工业生产制造进一步由自动化向智能化和网络化方向升级,从而维持和巩固其在全球制造业的领先地位。

1.3.2　国内 3D 打印技术发展现状

我国 3D 打印技术的研究工作起步于 20 世纪 90 年代初,最早进行 3D 打印技术研究的高校与科研机构包括华中科技大学、西安交通大学、南京航空航天大学、清华大学、大连理工大学、上海交通大学、浙江大学、西北工业大学、中北大学、南京理工大学和北京隆源自动成型有限公司等,这些高校与科研机构早期在各成型工艺和成型设备的研究和开发方面各有侧重,也取得了许多重大成果,如南京航空航天大学研制的 RAP-I 型激光烧结快速成型系统、北京隆源自动成型有限公司开发的 AFS-300 激光快速成型的商品化设备等。

目前仍从事 3D 打印技术研究的高校与科研机构有数十家,在所涉及的基础理论和关键技术的研究方面均积累了较为丰富的成果。当前,部分国产 3D 打印设备已接近或达到美国公司同类产品的水平,价格却便宜甚多;自主研发应用于 3D 打印的材料也逐步趋于完善,材料价格更具竞争优势。总体而言,我国已初步形成了 3D 打印设备和材料的生产与销售体系。

近年来,在科学技术部(简称科技部)及省市有关部门的支持下,我国已经在深圳、天津、上海、西安、南京、重庆等地建立了一批向企业提供 3D 打印技术的服务机构,也涌现出了一大批市场化的民营公司投资的 3D 打印服务机构。这些服务机构开始起到积极的作用,推动了 3D 打印技术在我国的广泛应用,使我国 3D 打印技术的发展步入专业化、市场化的轨道,为我国制造型企业的发展起到了支撑作用,提升了企业对市场的快速响应能力,提高了企业的竞争力,同时也为国民经济增长做出了重大贡献。

不过,我国 3D 打印当前仍处于起步阶段,其发展至少还面临五大难关:打印耗材问题、打印工艺发展还不完善、3D 打印的价格问题、知识产权保护问题以及研发所需要的政府大量投入或产业界的资金支持问题。以 3D 打印耗材为例,虽然目前 3D 打印已经有 1 000 多种材料可供使用,但是材料发展仍旧呈现数量不足、通用性差与性能不高的特点,这制约了材料的可替代性与转化成产品的能力。中国的 3D 打印已在航空航天、汽车、生物医疗等领域得到了初步应用,但离实现大规模产业化、工程化应用还有一定距离。

2013 年,我国政府已将 3D 打印产业纳入国家战略发展项目,国内众多城市已经展开产业化发展,如成都、青岛、武汉、珠海等地纷纷加入 3D 打印产业"跑马圈地"的行列,开始兴建 3D 打印产业园,3D 打印也成为国家重点扶持项目。2013 年,科技部公布的《国家高技术研究发展计划(863 计划)》以及《国家科技支撑计划制造领域 2014 年度备选项目征集指南》中,3D 打印产业首次入选。2015 年,工业和信息化部发布了《国家增材制造产业发展推进计划(2015—2016)》。业内人士认为,在"十三五"规划和倾向"高新尖"产业方针的背景下,3D 打印产业将迎来巨大的发展机遇,预计未来将出现井喷式的发展。

1.3.3　3D 打印技术的发展趋势

3D 打印的发展正日新月异,其研发重点也各有侧重,其未来发展方向包括以下几个方面。

1.　机型体积小型化、桌面化、个人化

3D 打印机在走向普及的过程中,为了方便人们的使用,将会出现更为经济、更为小巧、更加适合办公室工作环境的机型。

2.　软件集成化、智能化

在成型技术方面,现有的 3D 打印系统和 CAD 系统之间,必须经过一个接口作为过渡才能彼此进行通信。目前普遍采用的是 STL 文件格式,它将三维 CAD 模型进行近似处理,生成表面三角化的文件,然后再对其进行切片分层。这样基于表面三角化的切片文件存在一定的缺陷,最终使其成型精度和成型效率都受到了影响。所以为了解决这些问题,中间过程不可避免地要简化,最终真正达到 CAD/CAPP/RP 一体化和智能化。

3.　操作简单化、网络化

可实现网络化制造,实现立体传真功能。在当今网络化的时代,3D 打印机也可以借助网络资源进一步发挥自身的优势。比如,当分公司的某个设备发生故障,需要更换某一个重要零件时,无须再派人到总部去取或者邮寄零件,总部可以将零件的计算机辅助设计模型直接发送过来,然后分公司再用 3D 打印机直接打印出零件。这样原来需要几天完成的事情现在只需几个小时就可以完成,极大地提高了效率。

4.　材料多元化、功能化

材料的种类日益增多,功能也从传统均质材料到非均质材料。未来的 3D 打印机不仅可以打印种类繁多的均质材料,也可以打印功能各异的非均质材料,如功能梯度材料(Functionally Graded Materials,FGM)等。对于 FGM 来说,它一般由两种或两种以上的材料复合而成,各组分材料的体积含量在空间位置上是连续变化的,而且其分布规律是可以进行设计和优化的。目前 FGM 的制造方法主要有粉末冶金法、等离子喷涂法等,这些方法均不同程度地存在着工艺复杂、设备昂贵、操作不够灵活以及梯度方向单一等缺点。而从 3D 打印机的基于离散/堆积成型原理不难看出,它在制作 FGM 方面具有很大的潜力,在丰富了打印材料的种类后,就可以直接打印出多功能的实体模型。

5. 从快速原型向快速制造方向发展

随着打印材料的不断扩充,3D打印机所打印出来的实体将从非功能性零件的模型逐步走向功能性零件,即其经过简单的后处理之后就可以直接进行应用。

6. 应用领域逐渐拓宽

在过去,3D打印主要应用于原型制造,而现在随着3D打印技术的发展,它在艺术设计、航空航天、地理信息、军工、医疗和消费电子产品等多个领域都大有用武之地。未来还要开拓其在建筑、电子工业、电力工程装备、海洋工程装备等多个领域的创造性应用,让3D打印技术更好地为人类生活服务。

1.4 3D打印技术的学科体系和知识结构

3D打印技术需要多个学科、多门技术的融合,包括材料学、机械自动化、电气学、机械制图、材料力学、理论力学、机电一体化、单片机、微机原理、工程力学、电工电子技术、工程材料、自动化、金属工艺学、机械设计制造及其自动化、机械加工基础、液压与气动、冷冲模设计与制造、塑料模设计与制造、模具制造工艺、先进制造技术、3D测量、3D制造、CAD/CAM/CAE、工业设计、模具学、立体造型设计、产品设计表现技法、3D MAX、3D打印设备的原理与维护、人机工程学、3D扫描技术及应用等诸多知识体系。

清华大学、北京航空航天大学、华中科技大学、南京航空航天大学、上海交通大学等高校机械工程或材料工程专业研究生阶段有相关专业方向。目前,不少高校已开设3D打印本科专业,以适应市场对人才的需求。

1.5 发展3D打印学科的必要性

3D打印技术是目前全球最受关注的新兴技术之一,在工业设计、装备制造、航空航天、电子电器、生物医学等领域都有广泛应用。"第三次工业革命"浪潮中,3D打印技术将成为重塑社会生产关系的核心手段之一。借助3D打印技术构建的虚拟条件,设计者、生产者和消费者可以非常直观地看到产品的设计结果、内部结构、制造过程和运行原理,自主地互动参与产品设计过程,把控和监督生产过程,预先发现和修正缺陷、解决问题,极大地缩短开发周期、降低生产成本。

作为一种综合性应用技术,3D 打印综合了数字建模技术、机电控制技术、计算机信息技术、材料科学与化学等诸多方面的技术前沿知识。3D 打印机是 3D 打印的核心装备,它是集机械、控制及计算机技术等为一体的复杂机电一体化系统,主要由高精度机械系统、数控系统、喷射系统和成型环境等子系统组成。此外,新型打印材料、打印工艺、设计与控制软件等也是 3D 打印技术学科体系的重要组成部分。

当前,中国正处于由"工业大国"向"工业强国"转型的关键时期,大力发展 3D 打印产业,抢占先进制造业高地,是提升我国产品开发水平、提高工业设计能力的有效途径。只要能借助新的技术力量快速形成新的制造技术,制定新的制造业产业升级路径,我国完全有可能成为赢家,成为引领全球制造业的先导力量。

我国将推动 3D 打印产业化和中长期发展战略的制定工作,如果能把握住 3D 打印技术的研发和应用趋势,那么它将成长为新的经济增长点。因为 3D 打印技术代表制造业发展新趋势,它将推动实现"第三次工业革命",应用前景极其广阔。为全面迎接"第三次工业革命",我国的产业政策思路和措施也应当适时调整,要充分调动科研结构和企业的积极性,通过创新性应用型 3D 人才培养来加快先进制造技术的突破。

目前,中国制造行业数字化 3D 设计技术应用人才的缺口较大,未来的需求还在不断攀升。经济的发展和技术的进步呼唤一种比传统模式更加自由、灵活和有效的 3D 人才培养模式。这种培养模式的变革正是中国教育改革的重要方向。培养学生不但要让他们掌握有关科技创新、艺术创新、服务创新、市场模式创新的知识、方法和工具,还要让他们具有与多领域专家协同创新的素质,注重学习方式由被动式向主动式、互动式转变,从知识传授转向能力培养。这种培养方式适应了未来基于网络的智能制造对人才的需求,让人的智力和知识在虚拟空间内得到最大化的开发,这种产学对接、实战训练、线上线下互动配合的多元、立体化的全新三维人才培养模式,不仅对探索"第三次工业革命"背景下的教育变革有着积极意义,而且对提升中国创新能力建设,积极应对产业升级带来的挑战,起到了先锋示范作用。

目前,国内对 3D 应用人才的培养还处于萌芽状态,行业高端人才凤毛麟角,受到全球业界的争抢。3D 打印人才的培养旨在为行业产品制造企业、3D 打印服务业培养掌握 3D 建模与 3D 打印的知识与技能,具备 3D 打印技术应用能力,能从事 3D 产品设计、开发,掌握 3D 打印设备操作、设备维护及管理等技能,能够与他人合作,有一定的自我学习能力、自我发展能力、创新创业能力和良好的职业素养的高技能应用型人才,能有一定可持续发展的专业技能型人才。

思考题

1. 什么是 3D 打印?
2. 3D 打印的成型原理是什么?
3. 常用的 3D 打印成型工艺有哪些?
4. 3D 打印技术的发展趋势是什么?

第 2 章　3D 打印基础理论

在一件新产品的开发过程中,进行产品加工或装配之前总是需要投入大量资金对所设计的零件或整个系统加工出一个简单的原型。这样做主要是因为生产成本昂贵,同时模具的加工需要花费大量的时间,如果出错,时间、人力、资金的损失相当庞大。因此,在准备制造和销售一个复杂的产品系统之前,产品原型可以达到预先对产品设计进行评价、修改和功能验证等目的。

3D 打印技术可以在不用模具和工具的条件下生成任意复杂的零部件,极大地提高了生产效率和制造柔性,减少新产品开发所消耗的时间和资金,并且使设计者可以不拘束于现有的加工工艺,充分发挥想象力和创造力。

2.1　概述

3D 打印技术经过近 30 年的发展已涌现出一批较为成熟的成型设备和工艺,3D 打印技术涉及机械科学、控制技术、计算机科学、光学、材料等学科和领域的多种技术,其中 3D 打印技术的基础理论有以下几种。

1. 现代成型理论

研究所有产品制造的成型方式,建立起产品制造的理论模型。3D 打印成型仅是其中的一种成型方式。

2. 3D 打印的离散—叠加过程研究

即用一种模型来统一地描述所有 3D 打印的本质:模型离散与层片叠加过程。

3. 3D 打印零件的变形机理

零件的变形一直是困扰 3D 打印技术迅速发展的障碍之一,用某种理论或方法揭示成型材料变形本质将为后续的 3D 打印过程控制提供理论基础。

4. 3D 打印零件的精度研究

研究影响 3D 打印零件精度的因素,建立起描述该精度因素的模型。

2.2　现代成型理论

2.2.1　成型理论内容

现代成型理论是研究将成型材料有序地组织成具有确定外形和特定功能的三维实体的科学,它是站在成型方法论的高度对成型的基本理论、原理和方法进行研究,其研究内容主要包括以下几个方面。

1. 信息流和物质流

信息流是产品信息的采集、处理、存储、传输等过程的总称。信息的采集是指产品开发周期所涉及的各有关信息,包括市场信息、设计信息(概念设计、详细设计等)、加工信息、材料信息等。物质流是指构成产品的材料是如何从原料、半成品到成品的过程。在实际产品的开发过程中,信息流是物质流的本质体现,物质流是信息流的外在体现。

2. 成型工艺

成型工艺是指组织成型材料达到产品设计所要求的功能结构的顺序和约束,包括成型顺序、成型件几何设计以及加工数据的生成等。

3. 性能保证

性能保证是指保证产品具有预先设计的机械性能、物理性能、表面质量等。

2.2.2　产品成型过程

根据以上对现代成型理论的分析,可把产品成型的过程分为以下四种:受迫成型、去除成型、离散/堆积成型、生长成型。

1. 受迫成型

受迫成型是成型材料受到压力的作用而成型的方法,其特点在于成型需要模具,成型精度受到模具影响,成型过程与材料制备有一定的联系。

现在出现了各种受迫成型方法,例如金属材料成型的冷冲压成型、锻压成型、拉伸成型、挤压成型以及铸造成型等;非金属材料成型的塑料注射成型、塑料挤压成型、塑料吹塑成型和压制成型等,都是靠模具成型的,所以这些都属于受迫成型。

2. 去除成型

去除成型是借用物理或化学手段,将模型的多余部分去除而成型,是人类从开始制作工具到现代化生产一直沿用的主要成型方法。去除成型的特点在于成型精度高,成型件形状受到工艺限制,成型过程与材料制备过程无关。

现代人类发明了各种先进机械设备,不管是刀具切削加工,磨削加工,还是电火花加工都属于传统的去除成型。不管机床发展有多先进,自动化程度和精度有多高,凡是使用普通机床、数控机床、加工中心等类的机床加工都属于去除成型的范畴。

3. 离散/堆积成型

与传统制造方法不同,离散/堆积成型从零件的 CAD 实体模型出发,通过软件分层离散和数控成型系统,用层层加工的方法将成型材料堆积而形成实体零件。由于它把复杂的三维制造转化为一系列的二维制造,甚至是单维制造,因而可以在不用任何夹具和工具的条件下制造形状任意的零部件,极大地提高了生产效率和制造柔性。

离散/堆积成型不局限于现有的成型工艺,没有对制造单元的形状做任何限制,其制造单元可以是二维层片,也可以是线单元、点单元,或者是三维实体。离散/堆积成型的特点在于加工不需要模具,材料制备过程与成型紧密联系在一起,拥有最高的成型柔性,可用来进行定制生产。

4. 生长成型

生长成型或仿生成型是指模仿自然界中生物生长方式而成型的一种方法。它是一种生物科学与制造科学相结合的产物,它将生长和成型融为一体。根据生物体的生长信息、细胞分化并复制自身形成一个具有特定形状和功能的三维体,在此过程中,基因控制了生长顺序和所得功能,细胞具有自组织、自复制、自装配、自修复功能。生长成型的特点在于材料制备过程与成型紧密联系在一起,可以按需求制造出不同材料梯度的零件。

生长成型的实例比比皆是,比如昆虫的角质表皮是由蛋白质、类脂类与多糖类几丁质组成的弹性薄壳,在由下层的上皮细胞生成弹性表皮的过程中,由基因控制的生长机制在空间上精确地规定各组成成分的比例与密度,在时间上精确调节各成分的生成次序与沉积时间,从而形成具有不同分层性质的结构,表现出良好的复合材料的韧性。

2.3　3D 打印的离散—叠加过程研究

3D 打印目前存在多种成型制造方法，各有其特色，但几乎所有的 3D 打印成型都是基于离散—叠加的成型原理成型的，只不过有的稍做改变，下面将用离散—叠加过程的三个层次来描述所有基于 3D 打印的成型制造方法。

2.3.1　离散—叠加过程的三个层次

三维 CAD 实体沿笛卡儿坐标系的某一轴被离散成一系列的非连续的实体：面、线、点。离散后的 CAD 实体的最终数据单元——CAD 实体点所对应的物理性的固化单元又叠加形成固化线、固化层片，直至原型，从而完成原型的加工。该离散—叠加过程可分为以下三个层次。

1. 体离散

体离散是把三维 CAD 实体离散为一系列有序的面，这是所有 3D 打印技术的基础及特点。

2. 面离散

面离散是把体离散的切片离散为一系列有序的线段，以便加工时的路径规划。

3. 线离散

线离散是把面离散过的线段再离散为一系列有序的 CAD 实体点，即对应物理加工的固化单元。

因此，从离散—叠加过程的三个层次上看，数据处理同物理加工的三个层次是一一对应的。离散—叠加过程见图 2-1，该过程中的三个层次如表 2-1 所示。

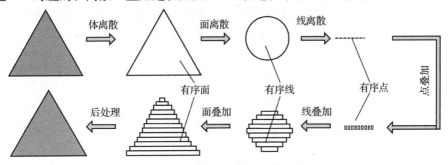

图 2-1　3D 打印的离散—叠加过程

表 2-1　3D 打印离散—叠加的三个层次

离散层次	产生的元素及其函数表示	离散精度	对应的叠加层次及其函数表示
体离散	有序面 $\psi(x,y,z)$	4/mm～10/mm	面叠加, $\psi(i)$
面离散	有序线 $\zeta(x,y,z)$	100/mm	线叠加, $\zeta'(I,j)$
线离散	有序点 $\gamma(x,y,z)$	100/mm	点叠加, $\gamma'(i,j,k)$

　　离散—叠加过程的三个层次中,因 CAD 实体包含的信息最全面、最广泛,所以体离散产生的误差也就可能最大。通常,3D 打印成型系统在加工原型件时,层厚取为 0.10～0.25 mm,即体离散的精度为 4/mm～10/mm;而面离散和线离散对应的两叠加过程的精度则与固化单元、成型材料及机械运动精度等因素有关。

2.3.2　STL 数据文件格式

　　3D 打印是从零件的 CAD 模型或其他数据模型出发,用分层处理软件将三维数据模型离散成截面数据,输送到快速成型系统的过程。具体而言是将从 CAD 系统、反求工程、CT 或 MRI 获得的几何数据以 3D 打印分层软件能接受的数据格式保存,随后分层软件通过对三维模型的工艺处理、数据文件的处理、层片文件处理等生成各层面扫描信息,最后以 3D 打印设备能够接受的数据格式输出到相应的 3D 打印机。

　　3D 打印技术中存储三维实体模型的数据文件主要有 STL 文件、DXF 文件、3DS 文件、IGES 文件、STEP 文件等。其中,STL(Stereo Lithography)文件格式是由美国 3D Systems 公司 1988 年制定的接口标准。它由于数据格式简单,不需要复杂的 CAD 系统支持和良好的跨平台性,所以被广泛地应用于许多领域。目前,多数 CAD 软件系统都有产生 STL 文件格式的模块,可以将系统构造的三维模型转换成 STL 格式,STL 文件已被视为"准"工业标准。

　　STL 文件格式优点在于:

　　(1) 数据格式简单,分层处理方便,与具体 CAD 系统无关。

　　(2) 与原 CAD 模型的近似度较高。

　　(3) 具有三维几何信息,模型用三角面片表示,三角面片可直接作为有限元分析的网格。

　　(4) 为几乎所有的 RP 快速成型设备所接受,已成为行业公认的 RP 数据转换标准。

当然,STL 文件格式也存在着以下几个缺点:

(1) 只是三维模型的近似描述,造成一定的精度损失。

(2) 不含 CAD 拓扑关系。

(3) 文件含有大量的冗余数据。

(4) 模型易产生重叠面、孔洞、法向量和交叉面等错误和缺陷。

(5) 必须经过分层处理。

(6) 欲提高模型精度,需重新生成模型。

STL 文件就是对 CAD 实体模型或曲面模型进行表面三角形网络化得到的。STL 是一种用许多空间三角形小平面来逼近原 CAD 实体的数据模型,这种文件格式是将 CAD 表面离散化为三角形面片。不同精度时有不同的三角形网格划分。STL 文件中每个三角形面片有 4 个数据项表示,即三角形的 3 个顶点坐标 A、B、C 和三角形面片的外法线矢量 n,STL 文件是多个三角形面片的集合,数据结构非常简单,而且与 CAD 系统无关。模型中的三角面片如图 2-2 所示。

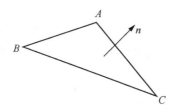

图 2-2 STL 模型中的三角面片

STL 文件有 ASCII 文件格式及二进制文件格式两种形式。ASCII 文件格式的特点是能被人工识别并修改,但因该格式的文件占用空间太大,主要用来调试程序。二进制 STL 文件用固定的字节数来给出三角面片的几何信息,用 80 字节的头文件和 50 字节的后述文件来描述一个三角形。

STL 文件只是无序地列出构成实体表面的所有三角形的几何信息,不包含任何三角形之间的拓扑邻接信息。然而,在许多基于 STL 的应用系统中,建立三角面片之间的拓扑关系是十分必要的。

STL 文件通过三角片的相关信息表示实体的表面,一个三角片的信息包含三角片的外法矢量和按右手螺旋规则排列的三个顶点。STL 文件格式规整、结构清晰,但是从实体几何拓扑模型转换成 STL 三角片文件格式时,采用顶点和共边"分裂"的方式存储,丢失了最初的拓扑关系,同时还增加了大量的重顶点、重边的冗余数据。STL 文件格式要遵循以下规则:

1. 共顶点规则

每一个小三角形平面必须与每个相邻的小三角形平面共用两个顶点,即一个小三角形平面的顶点不能落在相邻的任何一个三角形的边上。图 2-3 所示为不满足顶点法则的示例及正确结果。

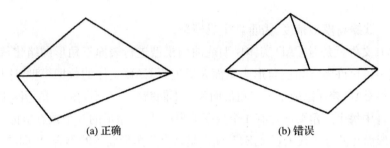

(a) 正确　　　　　　　　　　　　(b) 错误

图 2-3　顶点法则问题

2. 取向规则

对于每一个小三角形平面,其法向量必须向外,三个顶点连成的矢量方向按照右手法则来确定,而且对于相邻的小三角形平面,不能出现取向矛盾。

3. 取值规则

每个小三角形平面的顶点坐标值必须是正数。

4. 充满规则

在一维模型的所有表面上,必须布满小三角形平面,不得有任何遗漏。

3D 打印技术对 STL 文件的正确性和合理性有较高的要求,主要是要避免 STL 模型裂缝、空洞、悬面、重叠面和交叉面,如果不纠正这些错误,会造成分层后出现不封闭的环和歧义现象。

由于 CAD 软件和 STL 文件格式本身的问题,以及转换过程成的问题,生成的 STL 格式文件可能有少量的缺陷,其中,最常见的问题有以下一些。

1. 违反 STL 文件规则

在两个曲面相交时,出现违反共顶点规则的三角形,即顶点共线错误。

2. 出现裂缝或孔洞

图 2-4 说明了出现这类错误的原因。当两个具有不同曲率的曲面 1 和曲面 2 相交时,由于曲面 1 是相对平坦的,所以用较大的三角形就能得到较为

精确的近似表示,在与曲面 2 相交的边界曲线上定义的三角形顶点的间距相对较大;而另一方面,曲面 2 的曲率较大,所以必须用较小的三角形来近似表示,在与曲面 1 相交的边界曲线上定义的三角形顶点的间距相对较小。当两个曲面连接公共边界线上的点生成三角形时,就会出现裂缝或丢失三角形,违反充满规则。

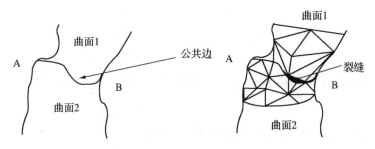

图 2-4　三角形的丢失

3. 三角形过多或过少

进行 STL 格式转换时,若转换精度选择不当,会出现三角形过多或过少的现象。当转换精度选择过高时,产生的三角形过多、所占用的文件空间太大,可能超出 3D 打印系统所能接受的范围,导致成型困难;当转换精度选择过低时,产生的三角形过少,造成成型件的形状、尺寸精度不满足要求。

4. 微小特征遗漏或出错

当三维 CAD 模型上有非常小的特征结构(如很窄的缝隙、肋条或很小的凸起等)时,可能难在其上布置足够数目的三角形,致使这些特征结构遗漏或形状出错,或者在后续的切片处理时出现错误、混乱。对于这类问题,比较难解决。因为如果要采用更高的转换精度(更小尺寸和更多数目的三角形)或者更小的切片间隔来克服这类缺陷,会使占用的文件空间增大,造成打印困难。

5. 三角形平面的法向量方向错误

三角形平面的法向量方向与三角形顶点之间不符合右手法则。这类缺陷会影响 STL 实体的三维显示和支撑的添加,由于切片过程无需法向量数据,因此不会影响切片。

6. 顶点剥离现象

在 CAD 造型系统将三维实体造型转换为 STL 模型时,由于受到运算精度及转换精度的影响,可能会造成同一顶点被剥离的情况。在图 2-5 中,A 与 A_1

为同一顶点的剥离现象,这种缺陷将导致相关三角形不满足顶点法则。

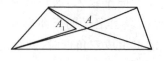

图 2-5　顶点剥离现象

7. 三角形重复

三角形重复出现,导致拓扑失败,这类错误很少出现。

2.4　3D打印零件的变形机理

2.4.1　3D打印零件的特点

3D打印零件同普通零件相比,因成型工艺的不同而表现出其独有的特性,3D打印零件具有以下特点。

1. 微观非均匀性及呈层性

3D打印零件是大量的有序的固化单元的集合,固化单元在三维方向上的力学性能各不相同,固化单元的形成有先后之分且相互重叠,这就造成固化零件在微观构造上是不均匀的。3D打印零件除了层片内存在此种非均匀性外,由于扫描方式和成型材料的不同,叠加方向又呈现另一种非均匀性,定义该种在厚度方向上所表现出的非均匀现象为呈层性。

2. 各向异性

固化单元在扫描方向及进给方向上由于重叠程度、固化度不一致,且固化单元形成后其体积收缩要经历一个相当长的过程,并伴有少量的热量散发,因此,固化物的化学和物理性质,如机械性能(包括强度、硬度、模量、应变及层间的黏合力等)、收缩程度、聚合速率、单体固化率、反应后的残余物组分的扩散性能等均呈现严重的非均匀性,表现出较为明显的微观及宏观各向异性性质。

3. 性能蠕变性

对于高温加工的3D打印零件(如 FDM 工艺、SLS 工艺等),在温度较高时的黏弹性和室温时的黏弹性有较大的区别;对于加工前后温度变化不大的零件(如 SLA 工艺、3DP 工艺),在加工后较长时间内会随着残余固化应力的不断释放而出现某些物理量的改变(如模量、泊松比、密度等)。零件在整体应变或局部应变较大时,在剪切模量和横向拉、压模量等的作用下,也会出现明显的蠕变。

2.4.2　3D 打印零件变形的宏观表现

3D 打印零件的变形是绝对的,而变形的大小则是可以控制的,为使零件的变形做到最大程度的可控,需要从本质上研究其变形机理。

零件的变形与其几何形状结构特点密切相关,比如采用传统的材料去除法成型时,车磨细长轴零件容易发生弯曲而导致中凸的形状误差,而磨削薄片类零件很难获得高的平面度。在基于层层堆积的 3D 打印中,零件的结构不同,变形也不同。不同于传统加工的是,零件的结构特点除了宏观的差别外,随着层层的不断堆积,一个零件本身的结构也在不断地变化,导致变形的原因也发生变化。这种结构特征的变化不仅由零件的宏观几何结构所决定,还与成型的堆积方向有关。

零件变形的宏观表现主要有悬臂式结构的翘曲变形、闭环式零件的变形、开环式零件的变形及整体式结构变形等。常见的 3D 打印中零件的各种变形情况如图 2 - 6 所示。

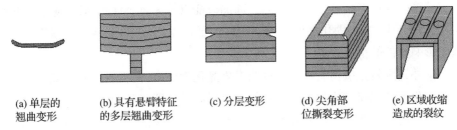

| (a) 单层的翘曲变形 | (b) 具有悬臂特征的多层翘曲变形 | (c) 分层变形 | (d) 尖角部位撕裂变形 | (e) 区域收缩造成的裂纹 |

图 2 - 6　3D 打印零件的各种变形

影响零件变形的因素很多,包括液体—固体积收缩、固化片层的力学性能差异、成型材料的反映特性、工艺参数设置的影响等,下面以光固化成型工艺为例具体描述其零件变形情况。

2.4.3　光固化成型工艺的零件变形

光固化工艺的基本成型原理是逐点成线、逐线成面,再逐层累加成三维实体。在叠加成型的过程中,为使材料能够牢固地黏接到一起,在黏接的点、线、面之间避免不了地发生物理或化学变化,在这种变化过程中,将伴随着力与热的产生,进而导致零件产生局部或整体的变形,造成零件精度的丧失,严重时可能导

致在制作过程中失败。

零件在光固化成型过程中产生变形的原因是液态树脂发生相变导致体积收缩,不仅与树脂的性能有关,还与扫描工艺以及零件的结构有关。不同的零件具有不同的外观及内部结构,而根据不同零件的制造要求,其工艺参数的设置也有所不同,成型时造成的零件变形也较难以具体描述。以下仅对液态树脂发生相变导致体积收缩造成的零件变形机理进行描述。

光敏树脂受紫外光照射发生聚合反应,光敏树脂的分子量在 10 000 以上,结构单元不是单个重复单元,而是由若干重复单元组成的链段,高分子链通过范德华力或氢键的作用,聚集成有一定规则排列的高分子聚集体结构。固化前液态树脂靠分子之间作用力,即范德华力相互作用,分子可以自由移动,分子间距离较大,因而密度较小。曝光后分子之间发生加成聚合反应,依靠共价键将自由移动的两个高分子连接起来,分子之间的距离大大缩短,密度增加,因而液态光敏树脂固化后,不可避免地出现了体积收缩。大分子之间的排列状态也不断变化,聚合反应的过程中,大分子之间的缠绕结构会使材料内部存在"空隙",而这种排列的分子结构处于亚稳态,随着时间的推移及外部条件的改变,将趋于无"空隙"排列的稳态结构。分子之间距离的改变以及大分子结构间"空隙"的消除使得体积产生收缩,固化层的收缩在零件内部产生内应力,导致成形零件变形,从而影响零件的精度。

紫外光照射光敏树脂后引发树脂发生光化学反应,使得树脂固化成型,但是树脂固化不是瞬间完成的,而是滞后于光束的扫描,即树脂的收缩过程与时间有关。树脂的收缩在不同的固化时刻收缩的状态并不相同。在固化初期,因液态树脂发生形态的变化而产生收缩。随着收缩逐渐停止,固化的树脂由收缩状态转变为不受外力的自由状态,由于受到压力而产生的收缩变形出现部分释放,达到新的平衡状态。

树脂在固化过程中的收缩并不是完全自由的,而是在有约束的条件下进行的,当前层的收缩必然受到前一层的约束,相当于在黏结面处对前一层施加了一种力,表现为面载荷的形式,由于成型零件两层之间通过层间的界面相互黏结,树脂收缩产生的应力通过此层间界面传递到已固化层并随着固化的进程逐层累加,零件在这种力的作用下将产生变形。

具体而言,在层片堆积成型时,当某一树脂层片接受紫外光照射后,将发生体积收缩。对于单一层片,由于层片的厚度尺寸很小,所以主要考虑层片面内的收缩。这与实际的成型过程也是一致的,因为在成型过程中,由于重力的作用厚度方向的收缩是单面(朝向黏接面,即向下的)约束,不会引起变形。层片面内的收缩总是朝向层片内某一点,定义该点为收缩中心,过中心的垂直面为收缩中心面。当层片同时接受光照时,其收缩中心应与其几何中心重合,否则收缩中心将相对其几何中心发生偏移,这与扫描顺序有关,收缩中心总是向先曝光的区域偏移,但总在层片所在的平面内。当一个层片由几个独立的区域构成时,则每一个独立区域都有一个收缩中心。

在层层堆积过程中,当前层的收缩必然受到前一层的约束,可以视作在黏接面处会产生一对收缩与约束收缩的力,称之为收缩力。收缩力是一种面分布力,总是作用在整个黏接面内,其方向总是沿黏接面朝向当前层片的收缩中心。收缩力的大小与树脂的体积、收缩量、扫描方式、扫描顺序有关,还与树脂收缩的时间历程有关。后曝光的区域收缩力大,因为层黏接时层片间的相对滑移小;层片同时曝光时,在黏接面内收缩力是均匀分布的。

为减小因树脂收缩引起的零件变形,可以考虑采用分区扫描固化工艺。分区扫描固化工艺的原理是利用树脂的收缩时间特性,即在缝隙扫描前,保证扫描过的两个区域应收缩全部完成。如果进行缝隙扫描前,两个区域的收缩并未完成,而在连成一个层片后,才开始或者继续收缩,那么就无法达到较为理想的效果。具体成型时,在成型零件的每一层片内,先划分一些区域,各区域之间留有一定宽度的缝隙,然后按照一定的顺序分别扫描每一个区域,扫描顺序要尽可能保证相邻区域的扫描间隔时间越长越好,然后再扫描各区域之间的缝隙,使各区域连成一个完整的层片。这样的扫描工艺使得每一个区域都有一个收缩中心,收缩力朝向该中心,所以在整个层片内的收缩力分布被改变,从而减小了整个层片内的收缩力,达到减小变形、提高精度的目的。

2.5　3D 打印零件的精度研究

3D 打印技术自其诞生以来,3D 打印成型装置的成型精度一直是研究者们关注的焦点所在,提高成型精度对于提高产品竞争力、推广 3D 打印技术在生产制造领域的应用有着极其重要的现实意义。

成型精度的高低反映出一台设备或者一种成型方法所能达到的零件精度的能力。成型系统的精度一般包括系统软件精度和硬件精度两部分,所谓软件精度主要是指模型数据的处理精度,包括各种切片算法、支撑生成算法、路径补偿算法等。而硬件精度主要是指成型设备的精度,通常是由机械零件的加工及装配精度所决定的。

2.5.1 3D 打印技术的精度概述

按照 3D 打印技术的成型过程,可将 3D 打印过程中的精度分为以下几种:

1. 数据处理精度

此项精度是指从 CAD 模型→切片分层→切片信息处理的过程中发生的有用信息丢失,主要包括 CAD 模型面化造成的数据误差及切片分层造成的数据误差。

2. 3D 打印系统机器精度

此项精度指 3D 打印系统无负载运行时,工作台(包括 X、Y、Z 三轴)的定位精度和重复精度。

3. 原型及时检测精度

此项精度是指原型刚制作完毕时的精度。影响该项精度的因素有系统机器精度;数据处理精度;成型工艺各参数;成型材料在成型过程中的收缩变形,该变形不可恢复,它同零件的形状、尺寸、材料的种类、制造过程的各参数值有关。

4. 原型延迟检测精度

此项精度是指原型经过较长时间的存放后的测量精度。由于受环境(如温度、湿度、光线等)、成型材料的特性以及成型过程中残留在原型内的应力与应变分布的变化影响,成型后原型会继续发生变形,导致精度下降,因此,此项精度也是较为重要的一个指标。

5. 原型最终检测精度

此项精度是指测量多次成型物的误差,并重新设置成型工艺参数及进行各种补偿后所制作的最终原型的及时检测精度。

6. X、Y、Z 向检测精度

由于在 X、Y、Z 三个坐标轴方向上,3D 打印系统的控制精度会有所不同,且其他一些影响因素也可能不尽相同,因此,原型沿三个坐标轴方向的精度值有可能不会完全一样,尤其是 Z 方向的精度最不易保证,应该分别沿三个坐标轴方向来检测原型的精度。

2.5.2 影响 3D 打印零件精度的因素

3D 打印的精度可归纳为数据处理精度、机器精度和不同时间的零件精度。其中,数据处理精度是保证零件精度的前提,机器精度是保证零件精度的基础,此外,零件精度还与成型材料性能及成型工艺等有很大关系。影响 3D 打印零件精度的因素主要包括:数据处理误差、成型工艺造成的误差、后处理误差等。影响 3D 打印零件精度的因素详细分类如下图 2-7 所示。

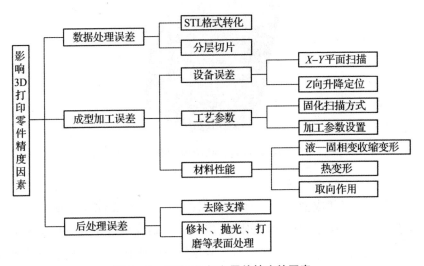

图 2-7 影响 3D 打印零件精度的因素

2.5.3 数据处理误差

当前的 3D 打印成型工艺中,在建立成型零件的三维数据模型之后,进行打印之前,往往需要进行数据格式的转换,这是由于绝大多数 3D 打印机只能识别数据模型的外部轮廓信息。目前应用最广泛的数据格式是 STL 文件格式,得到 STL 格式后,再进行分层处理以得到一层层的截面轮廓信息用于加工成型。

3D 打印的数据处理主要包含两个方面:3D 数据模型的 STL 格式转换和 STL 文件的分层处理。数据处理误差也正是来源于此,最终体现在制件的整体精度上。

1. STL 文件格式转换误差

STL 文件格式实质上是将 CAD 系统中的连续表面离散为一系列三角面片

的集合,当实体模型的表面均为平面时通常不会产生误差,但对于曲面而言,无论精度如何高,也无法完全表达出原表面,三角面片越多,越接近真实的曲面,但误差必然存在且无法消除。比如绘制一个圆柱零件,当沿轴线方向成型后转化为 STL 格式,如果精度较低,则可明显看出,转换后的圆柱体实际上已经变成了棱柱体,如图 2-8 所示。

图 2-8　精度较低时转换后的圆柱体 STL 文件格式

2. 分层切片处理误差

在进行 3D 打印成型加工之前,需要对得到的 STL 文件进行分层切片处理,即沿成型方向上的离散化处理,实际上就是用一系列平行于成型面的平面按照一定的层厚截取文件模型,切片平面与数据模型表面的交线形成实体模型每一层截面的切片轮廓信息,这些信息即作为成型过程中的扫描数据,所有层片包含的轮廓信息组合在一起构成整个实体模型的数据。通过对实体作切片处理,就能够把 3D 加工问题转换成一系列的二维加工问题。

对 STL 文件模型进行分层切片处理时,由于每个层片之间必然存在一定的间距,这不可避免地会破坏模型的表面连续性并导致部分轮廓信息的缺失,从而造成尺寸和形状上的误差。分层切片处理误差可分为两种:分层方向尺寸误差及阶梯误差。

(1) 分层方向尺寸误差。在进行分层切片处理时,选择的每层层片厚度是一定的,当切片平面恰巧与模型某一层片的底面或者顶面相重合时,则所得到的切片轮廓信息就是该层片的实际轮廓信息,反之,当切片平面无法与这两个平面实现重合时,或者切片方向上的某个尺寸无法被层厚整除时,模型轮廓上的某些边缘细微数据便会缺失,从而导致分层方向上的尺寸误差。

由上述分析可知,分层方向尺寸误差主要是由两个主要因素决定的:分层层厚和制件在成型方向上的尺寸。如果将分层层厚记作 z,制件在成型方向上的尺寸记作 H,则分层方向尺寸误差 δ 可表示为:

$$\delta = \begin{cases} H - z \times \operatorname{int}\left(\dfrac{H}{z}\right) & \text{当 } H \text{ 是 } z \text{ 的整数倍时} \\ H - z \times \left[\operatorname{int}\left(\dfrac{H}{z}\right) + 1\right] & \text{当 } H \text{ 不是 } z \text{ 的整数倍时} \end{cases} \tag{2.1}$$

由上式可见,当分层层厚不能整除成型方向尺寸时,层厚越小,尺寸误差越小,成型精度也就越高。因而,选择一个适合的分层层厚对于提高制件的成型精度是十分必要的。倘若能选择一个能够恰好整除成型方向尺寸的合理层厚,则就不存在尺寸误差。

(2) 阶梯误差。3D打印技术是基于分层叠加的制造原理来实现成型的,光固化成型也正是基于此由一定层厚的成型材料堆积叠加最终加工出制件。由于相邻层片之间必然存在间距,而且相邻层片的外轮廓也不可能完全相同,所以成型制件表面上会出现阶梯效应,从而破坏制件表面的光洁度和连续性,并且层厚越大,曲面的粗糙度越明显,阶梯效应也越明显,精度就越差。当用分层厚度块与实体模型相交的较大截面作为分层截面时产生正偏差,如图 2-9(a) 所示。反之,使用较小截面分层时则会产生负偏差,如图 2-9(b) 所示。

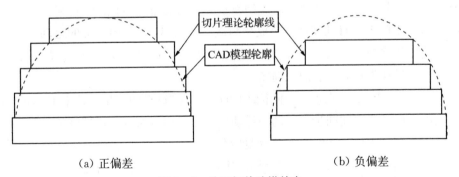

(a) 正偏差　　　　　　　　　　　　　(b) 负偏差

图 2-9　分层切片阶梯效应

为了提高成型制件的最终表面精度,结合以上分析,可以通过减小分层层厚和优化改善成型方向等方式来提高表面精度。

分层层厚直接影响成型制件的表面质量,应该尽量减小分层层厚,但同时,层厚越小,层片数量就越多,成型加工时间就越长,生产效率就越低,而且 3D 打印设备的成型精度也有限,不需要太小的层厚,因而目前正在研究的自适应切片分层方法可以较好地提高表面精度,解决因分层数量较多导致的低效率问题。自适应切片分层方法就是根据零件本身的几何特征来决定分层层厚,在轮廓曲率较大的部分采用较小层厚,在轮廓曲率较小的部分采用较大层厚,从而尽量减少分层方向尺寸误差和阶梯效应,并且使得需要处理的数据信息量减少。

优化改善成型方向实际上就是减小模型表面与加工成型方向的夹角,从而尽量减小体积误差。通过选择合理的成型方向,使得表面质量要求较高的成型面法向与分层方向水平或者垂直,抑或尽量使成型面法向与分层方向相一致,避免表面精度要求高的成型面法向与分层方向形成夹角,从而使得制件的最终体积误差较小,达到提高表面精度的目的。

2.5.4 成型加工误差

1. 设备误差

成型设备自身所存在的误差主要会造成制件产生原始误差,从而影响成型精度。设备误差在成型设备的设计阶段和制造过程中就应当尽量减小改善,尤其在考虑设备硬件系统的设计时需要予以重视,因为这是提高制件精度的基础。设备误差主要体现在以下几个方面,做好这几个方面的设备改进便可提高成型精度。

(1) 工作台 Z 向升降误差。成型设备大多数通过电机控制丝杆来实现工作台在 Z 向上的上下移动完成整个成型制造过程,工作台 Z 向升降的运动误差直接影响层片叠加时的层厚精度,从而在宏观上造成制件在 Z 向上的尺寸误差,在微观上呈现为较大的表面粗糙度。

(2) 同步带变形误差。目前市面上的大多数 3D 打印成型设备中多在 X-Y 平面内采用电机驱动同步带传动的运动控制方式用以实现打印部件的运动及打印过程。在完成长时间的工作及反复定位之后,同步带必然会产生一定程度的形变,这将会严重影响整个运动机构的定位精度。解决这个问题的常用方法是进行位置补偿,通常是在设备出厂时设置补偿系数。

(3) 定位误差。在成型时,最终的制件精度还会受到扫描机构运动时惯性以及振动的影响。成型设备的运动控制系统是实现制件 3D 打印成型的关键所在,一般采用电机控制。

以光固化成型为例。打印时,在 X-Y 平面上运动的材料喷射及 UV 扫描固化机构在成型时的往复扫描过程中,电机都具有较快的运行速度,必然存在一定的惯性。这种惯性的影响极易使得实际成型时的制件边缘尺寸比预期尺寸要大,造成较明显的尺寸误差。同时,运动机构在 X-Y 平面成型时是一个加减速的非匀速运动过程,在平面中间的运行速度大于在平面边缘的运行速度,则 UV 扫描时在边缘停留时间较长,固化程度较高,而中间部分固化程度较低,这就导致了制件的整体固化不均匀现象。

在打印成型时,材料喷射及 UV 扫描固化总是沿着模型的分层截面,按照数据处理软件规划好的路径做往复材料喷射填充及扫描固化,控制电机驱动机构运动时,运动机构本身具有固定的振动频率。同时,在扫描时各方位的运动距离往往长短不一,在每层成型截面内就会出现不同的频率,倘若运动机构产生谐振,这将会造成很大的振动,最终导致制件误差过大。

2. 工艺参数设置误差

不同的 3D 打印成型工艺具有不同的工艺参数,下面以光固化成型工艺为例进行具体分析。

(1) 光斑直径引起的误差。

光固化装置进行 3D 打印成型时需使用 UV 紫外光为光源对成型材料进行固化,照射在树脂上的 UV 光斑的直径较大(一般约为 $0.1 \sim 0.2 \, \text{mm}$,精度较低的可达 $0.5 \, \text{mm}$),光照能量在整个光斑范围之内分布,因而不能将其近似看作一个光点来研究,实际固化时的线宽为一定扫描速率下的实际光斑直径。成型时,光斑对制件产生的影响如图 2-10 所示。图中,实线表示固化成型时的实际包络形状,虚线表示制件设计时的理想轮廓;扫描固化时光斑中心沿此路径运行,d 为光斑固化直径。

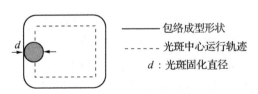

图 2-10 光斑对制件产生的影响

由图 2-10 可以看出,因光斑中心的运行轨迹才是需要成型的理想轮廓,制件在实际固化成型时的每一个边缘尺寸都比理想尺寸大一个光斑半径的距离($0.5d$ 大小),从而导致制件最终产生正尺寸偏差,同时在扫描轨迹的拐角处会因圆形光斑而出现圆角,导致形状钝化,严重影响制件的形状精度和尺寸精度。目前采取较多的方法是进行光斑补偿来减少或消除正偏差。光斑补偿实际上就是调整系统参数将制件边缘的扫描路径向制件中心缩进 $0.5d$ 的距离。从理论上而言,采用光斑直径补偿后,光斑直径引起的尺寸误差可以消除。

(2) 加工参数设置误差。

光固化成型过程中的主要加工参数通常包括扫描速度、扫描间距、光能量、焦距、分层层厚等。这些参数设置的不同也会引起不同的尺寸误差。具体分类如表 2-2 所示。在确定这些工艺参数时,主要是根据待加工制件的精度要求来确定分层层厚并由此确定固化深度,然后根据固化深度确定扫描参数。

表 2-2　光固化成型主要加工参数分类

UV 光参数	光斑直径、输出功率
分层参数	分层厚度、成型方向
扫描参数	扫描方式、扫描间距、轮廓扫描速度、填充扫描速度
树脂参数	透射深度、树脂黏度、临界曝光量、固化时间、体积收缩率、线性收缩率
固化参数	固化宽度、固化深度
涂层参数	等待时间、涂层方式、下降深度、刮平次数
温度参数	喷头温度、环境温度

3. 材料性能引起误差

不同的 3D 打印成型工艺选用各类不同的材料,材料本身的性能将会极大地影响最终制件的成型精度。下面将以光固化成型工艺所使用的光敏树脂材料为例进行具体分析。

光敏树脂在经 UV 光照射固化的聚合反应过程中,大分子之间的缠绕结构会使材料内部存在间隙,随着时间的推移,这种处于亚稳态的分子结构最终向无间隙排列的稳态结构发展。因此,分子之间距离的减小以及大分子结构间隙的消除,都会使得树脂产生收缩,导致制件变形、产生尺寸误差。

树脂的固化收缩一般分为两种:线性收缩和体积收缩。线性收缩导致层间内应力的产生,使得制件翘曲变形;而体积收缩则会使得制件产生整体尺寸和形状上的变化,从而导致制件的成型精度较低。树脂固化产生的收缩变形与许多影响因素相关,并且变形机理较为复杂,主要与成型材料的自身特性(如组成成分、黏度、光敏性能、固化速率等)、光源性能指标(如输出功率、光波波长、光照强度与分布等)、扫描参数(如扫描方式、扫描间距、扫描速率等)等因素有关。同时,在模型成型过程中,液态树脂一直覆盖在已固化的部分工件上面,能够渗入到固化件内而使已经固化的树脂发生溶胀,造成最终成型尺寸发生增大,导致制件强度下降。

解决上述问题的主要方法是开发更为理想的树脂成型材料,使其具备以下较优性能。

(1) 高固化速度、低黏度、低收缩、低翘曲光固化树脂,以确保零件成型精度。

(2) 具有更好力学性能,尤其是冲击性和柔韧性,以便直接使用和功能测试用。

(3) 低黏度,无毒害,挥发性低,气味小,无环境污染的真正意义上的绿色产品。

(4) 具有导电性、耐高温、阻燃性、耐溶性、透光性的树脂,以直接投入应用。

2.5.5　后处理误差

从 3D 打印系统上取下的制件往往需要进行剥离,以便去除废料和支撑结构,有的还需要进行后固化、修补、打磨、抛光和表面强化处理等,这些工序统称为后处理。修补、打磨、抛光是为了提高表面的精度,使表面光洁;表面涂覆是为了改变表面的颜色,提高强度、刚度和其他性能。

1. 支撑去除误差

在零件的制作过程中,支撑是一种辅助的工艺结构,在零件制作完毕后要将其去除掉。在去除支撑时,往往会因为去除方式和操作方法不当,影响零件表面质量,所以在设计支撑时,要考虑零件制作完毕后支撑的易去除性及支撑对零件精度的影响。

2. 后固化及表面处理误差

以光固化成型为例,当打印完毕对原型进行后固化处理时,制件内尚未完全固化的树脂会与处于凝胶状态的树脂发生聚合反应从而产生不均匀的内应力,导致制件产生均匀或不均匀的形变,具体表现为制件的翘曲变形,从而影响表面质量。

当工件表面有较明显的小缺陷而需要修补时,可以用热熔塑料、乳胶与细粉料调和而成的腻子,或湿石膏予以填补,然后用砂纸打磨、抛光。打磨、抛光的常用工具有各种粒度的砂纸、小型电动或气动打磨机。在填补表面缺陷时由于手工操作填补材料过多或过少造成表面材料的不均匀造成尺寸增大并影响表面质量。同时,在打磨、抛光时仍会由于手工操作不当而影响制件尺寸精度。

表面涂覆包括喷刷涂料、金属电弧喷镀、等离子喷镀、电化学沉积、物理蒸发沉积等多种方式,这些处理方法均会造成制件尺寸的增大,影响制件的尺寸精度,产生后处理误差。

思考题

1. 3D 打印的离散—叠加过程分为几个层次?
2. 什么是 STL 格式文件?它有何特点?
3. 影响 3D 打印零件精度的因素有哪些?

第3章 3D打印软件技术

3D打印软件是指从CAD造型软件直至驱动3D打印设备进行零件成型所用软件的总称,它是3D打印技术的灵魂。本章主要介绍3D打印技术中涉及的各类软件,包括三维建模软件、3D打印控制软件的相关知识。

3.1 概述

3D打印软件的设计思路是由3D打印成型的整个成型过程决定的。3D打印软件的运行过程如图3-1所示,可分为以下两个阶段:CAD模型的数据处理阶段和成型工艺数据处理阶段。

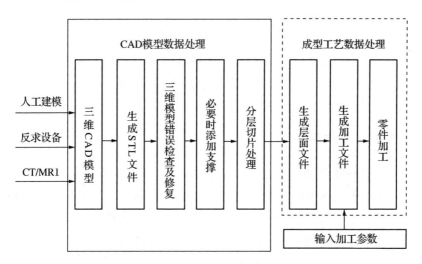

图3-1 3D打印软件的运行流程

在 CAD 模型的数据处理阶段,三维 CAD 模型的产生主要有三种途径:操作人员借助于 CAD 软件人工建模生成三维模型、利用反求设备进行实物的三维点数据测量生成三维模型、利用计算机断层扫描(CT)及核磁共振(MRI)等方法生成三维实物的层面数据从而生成三维模型。

在已设计的三维 CAD 实体模型的基础上,将其转化为 3D 打印系统能处理的数据格式,商业化的 3D 打印系统广泛采用的文件格式一般是 STL 格式,大多数 CAD 系统都可以输出 STL 文件格式。

在 3D 打印软件的成型工艺数据处理阶段,选择加工参数后,对层面文件进行处理,生成加工文件(保存有控制成型过程的轨迹数据的文件),例如采用光固化工艺成型的通过控制系统驱动扫描曝光头,根据树脂固化时间与固化强度及固化粒子大小的关系,来控制快门保证正确的曝光时间,最后生成原型。

3D 打印软件的设计主要考虑软件的通用性、实用性及人机界面等问题。通用性主要在切片方法的选择上;实用性从根本上是软件的实现问题,保证软件系统能配合相应的硬件系统完成必要的加工过程,在此基础上,从软件方面满足设计加工要求;随着软件功能的日趋增强,人们对软件的人机界面有较高要求,包括直观的菜单、灵活的工具条及更为简单的操作,还有实时的帮助功能,因此界面的设计也成为软件设计的重要方面。

3.2 设计方法分类

设计是把人类思维过程中的计划、规划、设想通过载体的形式传达出来的活动过程。在实际设计制造活动中,根据设计的流程可以分为:正向设计、逆向设计与正逆向混合设计。

3.2.1 正向设计

传统的产品设计过程通常是从概念设计到图纸,再制造出产品的过程。工程设计人员首先根据市场需求分析产品的功能,并从产品功能入手提出相应的技术目标和技术要求。接着进行原理方案的确定,提出产品功能的总体结构设计,进而确定产品结构组成,结构设计人员对产品的各个部件进行二维设计草图的绘制,三维特征模型的建立,并进行实体特征建模,最终在经过一系列迭代的设计活动之后,完成新产品的设计。图 3-2 右侧描述了正向设计的流程,典型的正向设计软件有 CATIA、UG、Pro/E 等。

3.2.2　逆向设计

逆向设计来源于逆向工程(Reverse Engineering,RE)的制作流程,它是指从产品的实物样件或模型直接反求几何模型的过程,是将实物转化为 CAD 模型的数字化技术和几何模型重建技术的总称,是对已知实物模型的有关信息的充分消化和吸收,在此基础上加以创新改型,通过数字化和数据处理后重构实物的三维原型。图 3-2 左侧描述了逆向设计的流程。典型的逆向设计软件有 Geomagic、RapidForm、Imageware 等。

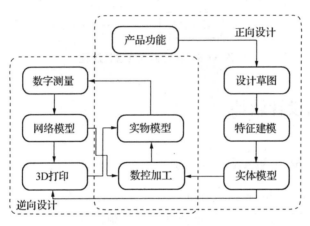

图 3-2　正逆向设计

3.2.3　正逆向混合设计

随着市场产品竞争的加剧,个性化产品的快速设计成为目前设计领域发展的热点。正向设计产品功能到草图设计,三维建模的设计流程相对成熟,但对市场个性化发展需求响应相对滞后。逆向设计可以直接对现有任意实物模型进行重新建模,并快速实现个性化设计修改,但设计流程不够成熟稳定。混合设计的提出,结合了正向设计的规范性与逆向设计的灵活性,形成灵活且规范的设计构架。

设计流程如图 3-3 所示,首先通过对实物模型进行数字测量获取实物模型的表面数据并形成网格模型;然后采用特征建模并结合产品功能和设计草图,恢复产品正向设计特征;最后通过实体模型运算设计完成产品的数字模型。典型的混合设计软件有比利时 Materialise 公司的 3 - Matic、美国 3D Systems 公司的 Geomagic Spark 等。

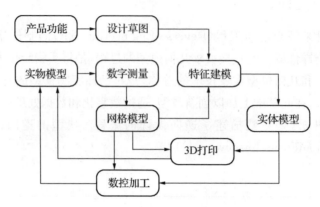

图 3 - 3 正逆向混合设计流程

3.3 正向设计软件

3.3.1 3DS MAX

3DS MAX(3-Dimension Studio Max)是 Discreet 公司(后被 Autodesk 公司合并)开发的基于 PC 系统的三维动画渲染和制作软件,其前身是基于 DOS 操作系统的 3D Studio 系列软件。它是集造型、渲染和制作动画于一身的三维制作软件,具有强大的造型功能和动画功能,而且操作简单方便,制作的效果非常逼真。当前,它已逐步成为个人 PC 机上最优秀的三维动画制作软件之一。

3DS MAX 的优势在于其性价比高。它所提供的强大的功能远远超过了其自身低廉的价格,可以使作品的制作成本大大降低,而且对系统硬件的要求相对来说也很低,一般普通的配置就可以满足学习的需要。此外,3DS MAX 的制作流程十分简洁高效,便于学习,而且在国内使用者众多,便于交流,教程资源丰富。随着互联网的普及,3DS MAX 的论坛在国内也日趋火爆,用户遇到问题可以及时讨论得到解决,非常方便。

3DS MAX 是世界上最广泛也是国内最早引进的立体建模动画软件,在广告、影视、工业设计、建筑设计、多媒体设计、辅助教学以及工程可视化领域都得到了广泛的应用,其应用范例如图 3-4 和图 3-5 所示。

图 3-4 影视制作效果图

图 3-5 建筑效果表现图

3.3.2 Rhino

Rhino 即犀牛软件,它是为工业设计、产品开发及场景设计所开发的三维建模软件,具备比传统网格建模更为优秀的建模方式,建模过程非常流畅,因此用户经常用其建模后导出高精度模型给其他三维软件使用。它广泛应用于三维动画制作、工业制造、科学研究及机械设计等领域。

Rhino 具有强大的曲线建模方式,能够在很短的时间内完成模型创造,可以快速完成设计师的概念设计。它能轻易整合 3DS MAX 与 Softimage 的模型功能部分,对要求精细、弹性与复杂的 3D NURBS 模型"有点石成金"的效能,能输出 OBJ、DXF、IGES、STL、3DM 等不同格式,并适用于几乎所有三维软件。但利用 Rhino 不能生成带有注释和标识的二维模型,渲染效果不逼真,也无法在实体生成后再改变数值。为了弥补自身在渲染方面的缺陷,Rhino 配备有多种渲染插件,从而可以制作出逼真的效果图。此外,Rhino 还配备有多种行业的专业插件,只要熟练地掌握好 Rhino 常用工具的操作方法和技巧,根据自己从事的设计行业把其相应配备的专业插件加载至 Rhino 中,即可变成一个非常专业的软件,这就是 Rhino 能立足于多种行业的主要因素。

任何复杂的模型都可以看成简单的集合体通过加减组合而成,使用 Rhino 进行 3D 建模只需仔细分析其结构,拆开来看就可以了。建模的顺序是先整体后部分、先全面后细节,层层深入,最终完成一个模型的制作,用其制作的模型如图 3-6 所示。

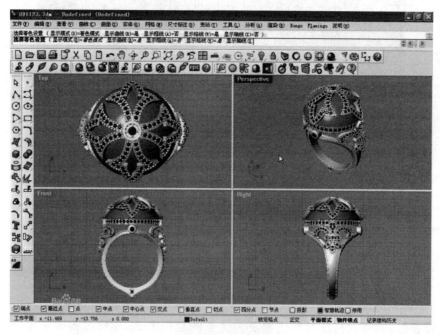

图 3-6 Rhino 制图

3.3.3　SketchUp

SketchUp 即草图大师,它是一个易于使用的且极受欢迎的三维设计软件。它是由规模非常小的@Last Software 公司开发的。其官方网站将它比作电子设计中的"铅笔"。SketchUp 的主要特点是使用简便,用户可以将使用 SketchUp 创建的三维模型直接输出至 Google Earth 里。它表面上极为简单,实际上却可以极其快速和方便地对三维创意进行创建、观察和修改,是专门为配合设计过程而研发的,有着对使用者更方便、利于思考推敲的优势。

在日常设计过程中,从建筑的最初概念到 3D 模型将会变成一种更为流畅的工作模式,现在即使在最初的由 SketchUp 所做的草图概念阶段也可输入到智能虚拟建筑环境中,在那里很容易增加细节,并且数据的交互性可使模型应用于一系列其他软件,如 CAD、3DS MAX、LightScape 等。现在 SketchUp 也相应地推出了一系列的渲染工具和相应的软件,成为可以独立出效果图纸、渲染最终图的软件,也就是说它正在从设计构思向设计完成品兼收发展。现在的 SketchUp 包含大量使用方便的插件,非常实用。

SketchUp 偏重设计构思过程的表现,对于后期严谨的工程制图和仿真效果图的表现则相对较弱。对于要求较高的效果图,需将其导出图片,利用 Photoshop 等专业图像处理软件进行修补和润色。SketchUp 在曲线建模方面也稍显逊色,当遇到特殊形态的物体,特别是曲线物体时,宜先在 AutoCAD 中绘制好轮廓线或剖面,再导入 SketchUp 中做进一步处理。SketchUp 本身的渲染功能较弱,可以结合其他软件(如 Piranesi 和 Artlantisl 软件)一起使用。

SketchUp 是一款面向设计师、注重设计创作过程的软件,其操作简便、即时显现等优点使它灵性十足,给设计师提供了在灵感和现实间自由转换的空间,让设计师在设计过程中享受方案创作的乐趣,在城市规划设计、建筑方案设计、园林景观设计、室内设计、工业设计、游戏动漫场景设计等诸多方面得到了广泛的应用。用 SketchUp 制作的模型如图 3-7 所示。

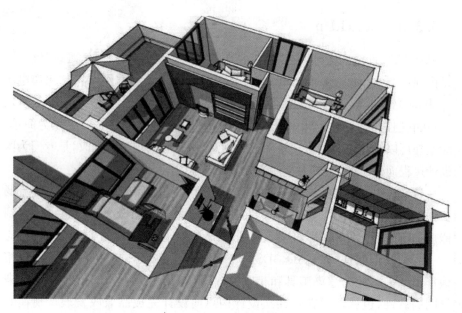

图 3-7　**SketchUp 制图**

3.3.4　Pro/Engineer

Pro/Engineer 操作软件是美国参数技术公司(PTC)旗下的 CAD/CAM/CAE 一体化的三维软件。Pro/Engineer 软件以参数化著称,是参数化技术的最早应用者,在目前的三维造型软件领域中占有重要地位。Pro/Engineer 作为当今机械 CAD/CAM/CAE 领域的新标准而得到业界的认可和推广,是现今主流的 CAD/CAM/CAE 软件之一,特别是在国内产品设计领域占据重要位置。

以 Pro/Engineer 为代表的软件产品的总体设计思想,体现了机械设计自动化软件的新发展,其所采用的新技术与其他同类软件相比具有明显优势。PTC公司提出的单一数据库、参数化、基于智能的特征造型、全相关以及工程数据再利用等概念改变了机械设计自动化的传统观念,这种全新的观念已成为当今世界机械设计自动化领域的新标准。Pro/Engineer 软件能将从设计至生产的全过程集成在一起,让多个用户同时进行同一产品的设计制造工作,因此它的开发理念符合并行工程的基本思想。

Pro/Engineer 是一个大型软件包,由多个功能模块组成,每一个模块都有自己独立的功能。用户可以根据需要调用其中一个模块进行设计,各个模块创建的文件有不同的文件扩展名。此外，用户还可以调用系统的附加模块或者使用软件进行二次开发工作。

Pro/Engineer 是基于特征的实体模型化系统，工程设计人员采用具有智能特性的基于特征的功能去生成模型，如腔、壳、倒角及圆角，并且可以随意勾画草图，轻易改变模型。这一功能特性给工程设计者提供了在设计上从未有过的简易和灵活。用 Pro/Engineer 制作的模型如图 3-8 所示。

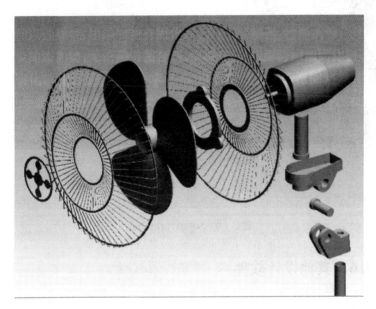

图 3-8　Pro/Engineer 制图

3.3.5　SolidWorks

SolidWorks 为达索系统（Dassault Systemes S. A.）下的子公司，专门负责研发与销售机械设计软件的视窗产品。达索公司是负责系统性的软件供应，并为制造厂商提供具有 Internet 整合能力的支援服务。该集团提供涵盖整个产品生命周期的系统，包括设计、工程、制造和产品数据管理等各个领域中的最佳软件系统，著名的 CATIAV5 就出自该公司之手。目前，达索的 CAD 产品市场占有率居世界前列。

SolidWorks 软件有功能强大、易学易用和技术创新三大特点，这使得SolidWorks 成为领先的、主流的三维 CAD 解决方案。SolidWorks 能够提供不同的设计方案,减少设计过程中的错误提高产品质量。SolidWorks 组件繁多,设计功能强大,对每个工程师和设计者来说,操作简单方便、易学易用。在强大的设计功能和易学易用的操作(包括 Windows 风格的拖放、点击、剪切、粘贴)协同下,使用 SolidWorks 进行整个产品设计是百分之百可编辑的,零件设计、装配设计和工程图之间是全相关的。用 SolidWorks 制作的模型如图 3-9 所示。

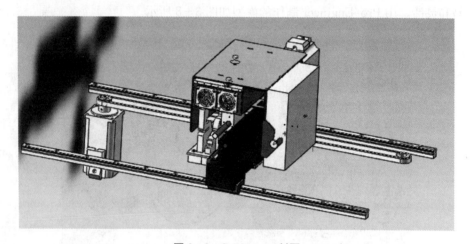

图 3-9 SolidWorks 制图

3.3.6 其他设计软件

1. CATIA

CATIA(Computer-graphics Aided Three Dimensional Interactive Apptication,计算机辅助三维交互设计应用)是法国达索系统(Dassault Systems)公司开发的 CAD/CAM/CAE 集成系统。CATIA 软件的曲面设计功能在飞机、汽车、轮船等设计领域广泛应用。现在达索系统公司提供 CATIA V5 版本,该版本能够在多种平台上运行,并且具有友好的用户界面。

CATIA V5 可以为数字化企业建立一个针对产品整个开发过程的工作平台。在这个平台中,可以对产品开发过程的各个方面进行仿真,并能够实现工程人员和非工程人员之间的电子通信。产品整个开发过程包括概念设计、详细设计、工程分析、成品定义和制造乃至成品在整个生命周期中的使用和维护,给用户提供了完善的工具和使用环境。它不仅给用户提供了丰富的解决方案,而且具有先进的开放性、组成性及灵活性。

2. UniGraphics

UG(UniGraphics)软件以 CAD/CAM/CAE 一体化而著称。UG 软件起源于美国麦道飞机公司,并于 1991 年并入美国通用汽车公司 EDS(电子资讯系统有限公司),2007 年并入西门子 Siemens 公司,因此该软件汇集了多个领域的专业经验。经过 30 多年的发展,UG 软件现已成为世界一流的集成化机械 CAD/CAM/CAE 软件,广泛应用于航空、航天、汽车、通用机械、模具和家用电器等领域。许多世界著名公司均选用 UG 作为企业计算机辅助设计、制造和分析的标准,如美国通用汽车公司、波音飞机公司、贝尔直升机公司、英国宇航公司、普惠发动机公司等,都以 UG 作为企业产品开发的软件平台。

UG 是一个高度集成的 CAD/CAM/CAE 软件系统,可应用于整个产品的开发过程,包括产品的概念设计、建模、分析和加工等。该软件不仅具有强大的实体造型、曲面造型、虚拟装配和产生工程图设计等功能,在设计过程中还可进行有限元分析、机构运动分析、动力学分析和仿真模拟,提高设计的可靠性,同时,还可用建立的三维模型直接生成数控代码,用于产品的加工,其后处理程序支持多种类型的数控机床。另外,它所提供的二次开发语言 UG/Open Grip 和 UG/Open API 简单易学,能实现的功能多,便于用户开发专用的 CAD 系统。

3. AutoCAD

AutoCAD(Auto Computer Aided Design)是美国 Autodesk 公司首次于 1982 年生产的计算机辅助设计软件,用于二维绘图、详细绘制、设计文档和基本三维设计,现已经成为国际上广为流行的绘图工具。DWG 文件格式成为二维绘图的标准格式。

AutoCAD 具有良好的用户界面,通过交互菜单或命令行方式便可以进行各种操作。它的多文档设计环境,让非计算机专业人员也能很快地学会使用,在不断实践的过程中更好地掌握它的各种应用和开发技巧,从而不断提高工作效率。

AutoCAD 具有广泛的适应性,它可以在各种操作系统支持的微型计算机和工作站上运行,并支持分辨率由 320×200 到 2 048×1 024 的各种图形显示设备 40 多种,以及数字仪和鼠标器 30 多种,绘图仪和打印机数十种,这就为 AutoCAD 的普及创造了条件。目前它被广泛应用于土木建筑、装饰装潢、城市规划、园林设计、电子电路、机械设计、服装鞋帽、航空航天、轻工化工等诸多领域。

4. CAXA

北京数码大方科技有限公司(CAXA)是中国领先的 CAD 和 PLM 供应商,

是我国制造业信息化的优秀代表和知名品牌，拥有完全自主知识产权的系列化CAD、CAPP、CAM、DNC、EDM、PDM、MES、MPM 等 PLM 软件产品和解决方案，覆盖了制造业信息化设计、工艺、制造和管理四大领域，产品广泛应用于装备制造、电子电器、汽车、国防军工、航空航天、工程建设、教育等各个行业。

CAXA 是一种系列化的产品套装，针对三维设计、二维设计、工艺、加工等分别开发了针对性的单个软件，主要提供数字化设计（CAD）、数字化制造（MES）以及产品全生命周期管理（PLM）解决方案和工业云服务。

5. FreeForm

FreeForm 全称为 FreeForm Modeling Plus（3D 触觉式设计系统），是目前全世界第一套能够让设计者在电脑上利用触觉就能完成 3D 模型设计与建构的计算机辅助设计系统，与通过触觉去雕刻黏土一样，可以雕刻设计任何形态的三维造型，再结合电脑 CAD 的功能，让使用者能够快速且随心所欲地创造出自己想要的模型。

FreeForm Modeling Plus 系统是一种独特的 3D 计算机触觉辅助设计系统，该系统可以使用户迅速地生成细节丰富、原始的模型，从而加速整个产品的开发进程。FreeForm Modeling Plus 是复杂设计、自由形态之形状、交付可制造模型、快速造型文件及图片—真实渲染的理想工具。该系统特色包括了直觉、3D可触摸的设计工具，这些工具为设计人员提供了综合的浇铸部件和模制品骨架功能。

FreeForm 引入了计算机 3D 模型设计与制作的触感，彻底改造人机交互接口和设计界面，允许设计师在形态与功能之间制作充满智慧和富有创意的作品，而无需受任何传统三维模型制作工具的限制。

FreeForm 完全摆脱了一般 3D 设计软件的限制，设计师不需要继续在复杂的电脑程序——数学方程式、鼠标与键盘指令、程序化的方法等阻碍下工作；系统提供了与真实世界互动的最基本方式——触觉，用户可以通过触感与模型进行直接和自然的互动。同时，它也将实体功能带入了数字领域，简单、直接的触觉互动和精确、细微的触觉控制使得设计者得以将设计理念和美感赋予作品，目前 FreeForm 已被广泛应用于从工业产品、玩具与游戏、礼品与鞋子，到消费电器、用具以及汽车内部设计等领域，设计过程变得十分方便。

3.3.7　格式转换软件

纵观 CAD 三维机械设计领域，各行业各区域形成了数量众多、各式各样的三维建模软件,这些软件产生的常见格式类型、相互之间有无转换的方式等都是设计者在选用建模软件时需要考虑的问题。

目前,机械行业常用的三维造型软件有前面所介绍的 Pro/Engineer、SolidWorks、CATIA、UG 等。各类软件有其所特有的文件保存格式,Pro/Engineer 能打开的文件格式有 IGES、ACIS(. sat)、DXF、VDA、SET、STEP、STL、VRML、I-DEAS(. mfl 和. pkg)等;SolidWorks 能保存的文件格式有 *. SLPRT、JPEG、STEP、IGES、PART 等;CATIA 生成的文件格式为 IGS、part、model、STL、IGES、CATPart、CATProduct 等;UG 能输入和输出的文件格式有 PRT、Parasolid、STEP、IGES 等。

在实际操作中,国内和国外拥有多层次、多类型的三维建模软件,各行业的特点和个人习惯不同,每个单位和设计师选用的软件各异,同时各种机械软件的数据记录和处理方式也不同,所以常出现以下问题。

(1) 三维模型无法找开或者出现很多错误。

(2) 三维模型导入 CAM/CAE 软件中时,模型精度不满足加工要求,出现大量错误。

(3) 三维建模软件升级更新后,原有模型识别出错。

这些问题会耗费公司大量的时间,严重影响公司的效益,因而有必要对软件之间的数据进行相互转化,这样可以实现在不同的企业和不同部门间现有数据的快速传递和共享。常见的格式转换软件有 3DTransVidia、TransMagic、CADfix 等。

1. 3DTransVidia

3DTransVidia 是一款功能强大的三维 CAD 模型数据格式转换与模型错误修复软件,可以针对几乎所有格式的三维模型进行数据格式间的转换以及模型错误的修复操作。3DTransVidia 可以实现 Pro/Engineer、UG、CATIA V4、CATIA V5、SolidWorks、STL、STEP、IGES、Inventor、ACIS、VRML、AutoForm、Parasolid 等三维 CAD 模型数据格式间的相互转换,如把 STEP 格式的模型转换成 CATIA V5 可以直接读取的 . CATPart 或 . CATProduct 格式,把 IGES 格式的模型转换成 UG 可以直接读取的 . PRT 格式等。

2. TransMagic

TransMagic 是业内领先的三维 CAD 转换软件产品开发商,产品致力于解决制造业互通操作之间所面临的挑战性问题。TransMagic 提供独特的多种格式转换软件产品,使得模型能够在 3D CAD/CAM/CAE 系统之间快速转换。支持的文件类型有 CATIA V4、CATIA V5、UniGraphics、Pro/Engineer、Autodesk Inventor、AutoCAD（via *.sat）、SolidWorks，还包括 ACIS、Parasolid、JT、STL、STEP 和 IGES 等。TransMagic 可以用于浏览、修复、交换 3D CAD 数据。

3. CADfix

CADfix 能实现不同的 CAD/CAM/CAE 之间的数据无损交换。它能自动转换并重新利用原有的数据,能发现模棱两可、不一致、错乱的几何问题,并能通过 CADfix 进行修复。CADfix 在可能的情况下支持全自动转换的方式,在自动方式不能完全解决问题的情况下,CADfix 另外还提供交互式可视化的诊断和修复工具。CADfix 提供给用户分级式的自动、半自动工具,通过五级处理方式来处理模型数据,每一级处理既可以用用户化的自动"向导"来处理,也可以用交互式工具来处理。当自动"向导"处理方式可行时,CADfix 还提供批处理方式的工具来处理大量的模型数据。

3.4 逆向设计技术

3.4.1 逆向设计概述

逆向设计主要是指从产品的实物样件或模型反求几何模型的过程,是将实物转化为 CAD 模型的数字化技术和几何模型重建技术的总称,是对已知实物模型的相关信息的充分消化和吸收,并加以创新改型,通过数字化和数据处理后重构实物的三维原型。

逆向设计技术经历几十年的研究和发展,已经成为产品快速开发过程中的重要支撑技术之一。它与正向设计、优化设计、有限元分析等有机的组合,构成了现代设计理论及方法。采用逆向设计的方法所得到的产品模型,因为有实际模型参与,因此比概念化推算和计算机模拟更加真实,有利于缩短产品开发周期。

逆向设计主要包含两类设计技术:一类是将 3D 扫描设备获取的离散数据,通过曲面分割、特征拟合重建的思路转变为传统的正向设计;另一类是直接在获取的离散曲面上进行曲面形状设计。目前 3D 打印逆向设计获取离散数据常用的手段是三维数据反求技术。

3.4.2　三维数据反求技术

三维反求,也称为反求工程(RE)、逆向工程、反向工程等,其起源于精密测量和质量检测,是测量技术、数据处理技术、图形处理技术和加工技术相结合的一门综合性技术。

广义的反求技术是消化、吸收先进技术的一系列工作方法的技术组合,是一门跨学科、跨专业、复杂的系统工程。它包括影像反求、软件反求和实物反求三方面。目前,大多数关于反求工程的研究主要集中在实物的反求重构上,即产品实物的 CAD 模型重构和最终产品的制造方面,称为"实物反求工程"。这是因为:一方面,作为研究对象,产品实物是面向消费市场最广、最多的一类设计成果,也是最容易获得的研究对象;另一方面,在产品开发和制造过程中,虽然已广泛使用了计算机几何造型技术,但是仍有许多产品,由于种种原因,最初并不是由 CAD 模型描述的,设计和制造者面对的是实物样件。为了适应先进制造技术的发展,需要通过一定途径将实物样件转化为 CAD 模型,以期利用计算机辅助制造、快速原型制造和快速模具、产品数据管理及计算机集成制造系统等先进技术对其进行处理或管理。同时,随着现代测量技术的发展,快速、精确地获取实物的几何信息已成为现实。

目前,这种从实物样件获取产品数据模型并制造得到新产品的相关技术,已成为 3D 打印技术中的一个研究及应用热点,并发展成为一个相对独立的领域。在这一意义下,"实物反求工程"可定义为:反求技术是将实物转变为 CAD 模型相关的数字化技术、几何模型重建技术和产品制造技术的总称,是将已有产品或实物模型转化为工程设计模型和概念模型,在此基础上对已有产品进行解剖、深化和再创造的过程。

获得产品的三维实体模型是反求技术中的关键问题之一,同时也是 3D 打印数据模型的重要来源。传统的方法用户从概念设计到图样,可以用通用的三维造型 CAD 软件(如 UG、Pro/Engineer、SolidWorks 等)设计出它的三维模型。但有时用户提供的是实物,需要由实物制造模具或在它的基础上作改进设计,此时如用 CAD 软件绘制一个与提供的实物一模一样的 CAD 模型,特别是复杂的零件模型,则是件相当费时费力的工作。三维反求技术就提供了由实物直接快速获得三维 CAD 模型的途径。用三维反求技术比利用 CAD 软件绘制要快得多,一般较复杂的中小零件,几个小时甚至几十分钟即可完成,而用 CAD 软件绘制往往需要数天才能完成,同时也大大降低了对工作人员技术水平的要求。

实物样件的数字化是通过特定的测量设备和测量方法,获取零件表面离散点的几何坐标数据的过程。只有获得了样件的三维信息,才能实现复杂曲面的建模、评价、改进、制造。因而,如何高效、高精度地实现样件的三维数据采集,一直是逆向产品制造的主要研究内容之一。

三维反求工程通常可分为以下四个阶段:

1. 零件原型的数字化

通常采用三坐标测量机(Coordinate Measure Machine,CMM)或激光扫描等测量装置来获取零件原型表面点的三维坐标值。

2. 从测量数据中提取零件原型的几何特征

按测量数据的几何属性对其进行分割,采用几何特征匹配与识别的方法来获取零件原型所具有的设计与加工特征。

3. 零件原型 CAD 模型的重建

将分割后的三维数据在 CAD 系统中分别做表面模型的拟合,并通过各表面片的求交与拼接,获取零件原型表面的 CAD 模型。

4. 重建 CAD 模型的检验与修正

根据获得的 CAD 模型加工出样品的匹配来检验重建的 CAD 模型是否满足精度或其他试验性能指标的要求,对不满足要求者重复以上过程,直至达到零件的设计要求。

3.4.3 数据反求技术分类

随着需求和技术的发展,出现了基于光学、声学、电磁学以及机械接触原理的各种测量方法。划分测量方法的依据很多,根据测量方法中测量数据是否仅仅为物体表面轮廓数据,将方法分为体数据采集法和面数据采集法两大类,具体如图 3-10 所示。

体数据采集方法通过获取被测物体的截面轮廓图像,进而实现复杂物体内部结构表面信息,不受物体形状的影响,该类方法能同时获得物体表面和内部结构三维数据,获得的数据能充分体现 3D 打印的优越性能。

体数据采集方法主要是基于断层测量的几何方法。断层测量方法可分为破坏性和非破坏性测量。非破坏性测量方法目前主要有超声波、CT 和 MRI 等。破坏性测量方法主要是以层去扫描法为主。该方法逐层去除物体材料,逐层用扫描设备扫描截面,从截面图像获取物体轮廓尺寸。

面数据采集方法仅能实现物体表面轮廓数据的获取,不能得到内腔或物体内部的三维数据,该类数据的完备性限制了其在 3D 打印中的应用范围。

面数据采集又可分为接触式数据采集和非接触式数据采集两类。接触式有基于力—变形原理的触发式,连续扫描式,基于磁场、超声波的数据采集等。而非接触式主要有激光三角测量法、飞行时间法、莫尔干涉法、结构光法、傅立叶变换轮廓法、摄影测量法、立体视觉、共聚焦测量法等。

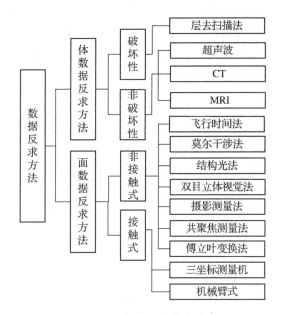

图 3‒10   数据反求方法分类

3.4.4   三维扫描技术

三维扫描是集光、机、电和计算机技术于一体的高新技术,主要用于对物体空间外形和结构及色彩进行扫描,以获得物体表面的空间坐标。它的重要意义在于能够将实物的立体信息转换为计算机能直接处理的数字信号,为实物数字化提供相当方便快捷的手段。三维扫描设备是目前数据反求技术中获取三维模型数据的主要仪器。

三维扫描技术能实现非接触测量,且具有速度快、精度高的优点,其测量结果能直接与多种软件对接,这使它在 CAD、CAM、CIMS 等技术应用日益普及的今天很受欢迎。在发达国家的制造业中,三维扫描仪作为一种快速的立体测量设备,因其测量速度快、精度高、非接触、使用方便等优点而得到越来越多的应用。用三维扫描仪对手板、样品、模型进行扫描,可以得到其立体尺寸数据,这些数据能直接与 CAD/CAM 软件对接,在 CAD 系统中可以对数据进行调整、修补、再送到加工中心或快速成型设备上制造,可以极大缩短产品制造周期。

根据各类三维扫描设备的特点,可将其归纳分为以下几类。

1. 拍照式

拍照式三维扫描设备一般单面可扫描 400 mm×300 mm 面积,测量景深一般为 300～500 mm,精度最高可达 0.007 mm。其优点在于扫描范围大、速度快,精细度高,扫描的点云杂点少,系统内置标志点自动拼接并自动删除重复数据,操作简单,价格较低。

2. 关节臂式

关节臂式三维扫描设备扫描范围可达 4～5 m,精度最高可达 0.016 mm。其优点在于精度较高,测量范围理论上可达到无限。

3. 三坐标(固定式)

三坐标三维扫描设备扫描范围为指定型号的工作台面,扫描精度最高可达 0.9 μm。其优点在于精度较高,适合测量大尺寸物体,如整车框架,但也存在着扫描速度慢,需要花费较长时间的缺点。

4. 激光跟踪式

激光跟踪式三维扫描设备扫描范围可达 70 m,扫描精度可达 0.003 mm。其优点在于精度较高,测量范围大,可对如建筑物这类的大型物体进行扫描测量,但其价格较高。

5. 激光扫描式

激光扫描式三维扫描设备种类较多,可根据不同需求进行选择,比较常见的有手持式、固定式。其优点在于扫描速度快、便携,但扫描精度较低,适用于对精度要求不高的物体。

以下为美能达三维激光数字化扫描仪 VIVID 产品在古建筑保护领域的应

用实例。法国著名的 Notre Dame 大教堂建于 11 世纪,数世纪以来,其位于外部的中世纪预言者雕像群遭到了严重的损坏。为了将原有雕像的数据完整地保存下来,法国 AGP(Art Graphiqueet Patrimoin)公司利用 VIVID 700 对雕像进行了三维数据采集及建模,最后根据三维数据复制出了与原雕像完全相同的模型。反求过程如图 3-11 所示。

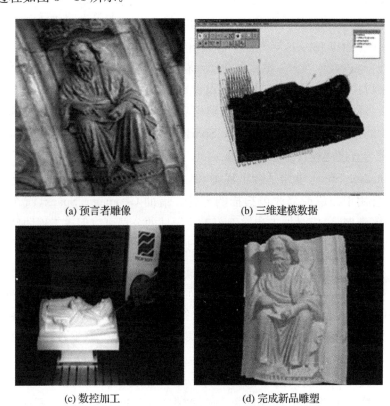

(a) 预言者雕像　　　　　　　　　(b) 三维建模数据

(c) 数控加工　　　　　　　　　(d) 完成新品雕塑

图 3-11　预言者雕像反求过程

3.4.5　典型逆向设计软件

在通过三维扫描设备获取离散数据之后,这些离散的三维点云数据在借助光学生成的过程中,由于信号噪声、光线干扰、多视角交叠等,导致噪声、空洞等很多数据不规则、奇异的复杂情况,需要对不同测量原理产生的离散数据进行数据去噪、数据简化、数据空洞修复、数据一致性优化等一系列处理技术,为后续的面向 3D 打印的逆向设计提供高质量的数据源。对这些数据进行处理的常用软

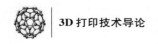

件有以下几种。

1. Geomagic

Geomagic 是一家世界级的软件及服务公司,现在被美国 3D Systems 公司收购。在众多工业领域,比如汽车、航空、医疗设备和消费产品,许多专业人士在使用 Geomagic 软件和服务。公司旗下主要产品为 Geomagic Studio、Geomagic Qualify 和 Geomagic Piano,其中 Geomagic Studio 是被广泛应用的逆向软件。快速成长的 Geomagic,正成为数字形状采样及处理(DSSP)的领导者。2013 年,其推出的 Geomagic Spark 是业界唯一一款结合了实时三维扫描、三维点云和三角网格编辑功能以及全面 CAD 造型设计、装配建模、二维出图等功能的三维设计软件。虽然传统的 CAD 软件也有建模功能,但是缺少工具将三维扫描数据处理成有用的三维模型。而 Geomagic Spark 则加入了三维扫描数据功能,将先进扫描技术与直接建模技术融为一体。

Geomagic Spark 非常适合工程师和制造商使用现成实物对象设计三维模型,也适合用于完成或修改被扫描的零件。借助 Geomagic Spark,汽车、电子、工业设计、消费品、模具加工和航天等工业领域的公司可以促进工程团队之间更好地沟通、简化设计流程以及提高逆向设计的可靠性。

2. Imageware

Imageware 由美国 EDS 公司出品,后被德国 Siemens PLM Software 所收购,现在并入旗下的 NX 产品线是最著名的逆向工程软件之一。Imageware 具有强大的测量数据处理、曲面造型、误差检测功能。该软件可以处理几万至几百万的点云数据,并且根据这些点云数据构造的 A 级曲面(CLASS A)具有良好的品质和曲面连续性。Imageware 的模型检测功能可以方便、直观地显示所构造的曲面模型与实际测量数据之间的误差以及平面度、圆度等几何公差。

Imageware 逆向工程软件被广泛应用于汽车、航空、航天、家电、模具、计算机零部件领域。Imageware 逆向工程软件是对产品开发过程前后阶段的补充。通过将加工好的实际零件与电子化的数据模型紧密结合,使得在产品开发过程中全面贯彻既保持设计和工程意图又同时进行检验的思想。Imageware 提供了在逆向工程、曲面设计和曲面评估方面的功能。

3. CopyCAD

CopyCAD 是由英国 Delcam 公司出品的功能强大的逆向工程系统软件,它允许从已存在的零件或实体模型中产生三维 CAD 模型。该软件为来自数字化数据的 CAD 曲面的产生提供了复杂的工具。CopyCAD 能够接受来自坐标测量机床的数据,同时跟踪机床和激光扫描器。Delcam CopyCAD Pro 具有高效的巨大点云数据运算处理和编辑能力,提供了独特的点对齐定位工具,可快速、轻松地对齐多组扫描点组,快速产生整个模型;自动三角形化向导可通过扫描数据自动产生三角形网格,最大地避免人为错误;交互式三角形雕刻工具可轻松、快速地修改三角形网格,对模型进行光顺处理;精确的误差分析工具可对生成模型进行误差检查。其提供的 Tribrid Modelling 混合造型开发系统不仅可进行多种方式的造型设计,同时可对几种造型方式混合布尔运算,提供了灵活而强大的设计方法;设计完毕的模型可在 Delcam PowerMILL 和 Delcam FeatureCAM 中进行加工。

3.5　模型支撑添加技术

3.5.1　添加支撑的必要性

3D 打印技术能加工任意复杂形状的零件,但层层堆积的特点决定了原型在成型过程中必须具有支撑,3D 打印技术中所用的支撑相当于传统加工中的夹具,起固定原型的作用。

有些成型工艺中的支撑是生产过程中自然产生的,如分层实体制造(LOM)中切碎的纸、三维印刷成型(3DP)中为黏接的粉末、选择性激光烧结(SLS)中未烧结的材料都可以成为后续层的支撑。而熔融堆积成型(FDM)和光固化成型(SLA)必须由人工加支撑或通过软件自动加支撑,否则会出现悬空而发生塌陷或变形,从而影响零件原型的成型精度,甚至使零件不能成型。

支撑按其作用不同分为基地支撑和对零件原型的支撑,它的作用主要有以下几点:

(1) 便于零件从工作台上取出。

(2) 保证预成型的零件原型处于水平位置,消除工作台的平面度误差所引起的误差。

(3) 有利于减小或消除翘曲变形。

具体而言,以光固化成型为例,由于光敏树脂固化过程的体积收缩、成型扫描方式的不同以及所加工零件的构造(如对于一些具有"孤岛"特征的零件,由于上一层无法为其提供制造基础,造成"孤岛"部分当前加工层没有依附,出现该层漂移现象)等因素,都有可能导致零件在加工过程中的变形。因此,就需要考虑在加工过程中对不同的零件添加不同的支撑,以防止零件变形,保持零件在加工过程中的稳定性,保证原型制作时相对于加工系统的精确定位。如图 3-12 所示,加入支撑后可以较为有效地防止翘曲变形的产生。

(a) 零件设计图　　　　(b) 未加入支撑的加工零件　　　(c) 加入支撑的加工零件

图 3-12　支撑对零件加工质量的影响

3.5.2　添加支撑的原则

在零件的制作过程中,支撑是一种辅助的工艺结构,在零件制作完毕后要将其去掉。添加支撑的方法有手工添加和软件自动添加两种。手工添加法因质量难保证、工艺规划时间长和不灵活,被应用得很少。因而,一般采用软件自动添加的方法。添加支撑应考虑以下几点。

1. 支撑的强度和稳定性

支撑是为原型提供支撑和定位的辅助结构,良好的支撑必须保证足够的强度和稳定性,使得自身和它上面的原型不会变形或偏移,提高零件原型的精度和质量。

2. 支撑的加工时间

支撑加工必然要消耗一定加工时间,在满足支撑作用时,要求加工时间越短越好;在满足强度条件下,支撑应尽可能小,支撑扫描间距可加大,从而减少支撑成型时间。

3. 支撑的可去除性

当原型制造完成后,需将支撑和本体分开。原型和支撑黏接过于牢固时,不但不易去除,而且会降低原型的表面质量,甚至在去除时会破坏原型。支撑与原型结合部分越小,越容易去除,故两者结合部分应尽可能小。在不发生翘曲变形的条件下可将结合部分设计成锯齿形以方便去除。

3.5.3　添加支撑的类型

根据支撑的不同作用和零件不同表面特征,可设计不同的支撑结构形式。

1. 斜肋式支撑

斜肋式支撑主要用来支撑悬臂结构部分。斜肋式支撑的一个臂和垂直面连接,另一个臂和悬臂部分连接,以此为悬臂的向下面;在制作过程中所需材料和制作时间较少,适合于高的悬臂结构。斜肋式支撑结构的特征设计参数为支撑的厚度、斜臂长度和角度。图 3 - 13(b)所示为斜肋式支撑。

(a) 未加支撑　　　　　　　　　(b) 加入支撑

图 3 - 13　斜肋式支撑

2. 轮廓偏移支撑

轮廓偏移支撑如图 3 - 14(b)所示。轮廓偏移支撑是用来对那些大的悬吊面或需要支撑的大倾斜区域提供的一种支撑结构,这种结构利用悬吊面或倾斜区域的边界线特征,通过对边界线特征进行偏移计算而得到。它可以支撑零件轮廓结构的边,以防止这些特征变形和翘曲,也可作为轮廓区域内部的支撑结构,它和变间距壁板结构结合使用还可以为大的悬吊面或需要支撑的大倾斜区域提供一种优化支撑结构。轮廓偏移支撑结构的特征设计参数为支撑的厚度、偏移的距离。

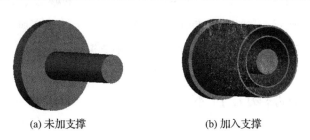

(a) 未加支撑　　　　　　　　　(b) 加入支撑

图 3 - 14　轮廓偏移支撑

3. 壁板式结构支撑

壁板式结构支撑如图 3 - 15(c)所示。这种支撑结构的核心是长的壁板,为了加强支撑的稳定性和强度,在垂直于长的壁板方向均布短的壁板。这种支撑结构适用于长条结构及悬吊边结构,其长的壁板是沿着零件长结的中心线或悬吊边。它的参数为支撑的厚度、壁板的长度和短壁板的个数。

(a) 未加入支撑　　　　(b) 壁板式支撑　　　　(c) 加入支撑

图 3 – 15　壁板式结构支撑

4. 网格式结构支撑

网格式结构支撑如图 3 – 16(c)所示。它主要是为大的支撑区域提供内部支撑,网格间距可以是等长的,也可以是变间距的。变间距的网格支撑其网格间距的变化取决于支撑区域上的三角面片的法式量的变化。它可以为低面、悬吊面、悬臂结构等提供良好的内部支撑。这种支撑结构的特征设计参数为支撑的厚度、壁板的长度和宽度。

(a) 未加入支撑　　　　(b) 网络式支撑　　　　(c) 加入支撑

图 3 – 16　网格式结构支撑

3.6　模型分层切片技术

3.6.1　分层切片的概念

原型在进行工艺处理后和添加支撑后,需要按照设定的参数高度进行分层,从而得到在该高度上的零件二维轮廓用于 3D 打印成型过程。实际上,分层切片是以各层截面图形为底,将高度为分层厚度的一个个柱形体依次叠加,形成一个三维实体,如图 3-17 所示。

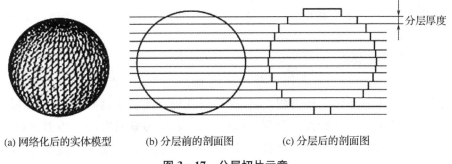

(a) 网络化后的实体模型   (b) 分层前的剖面图   (c) 分层后的剖面图

图 3-17 分层切片示意

三维模型的分层是基于 STL 文件进行的,切片处理的数据对象只是大量的小三角形平面片,因此切片的问题实质上是平面与平面的求交问题。由于合格的 STL 三角形面化模型代表的是一个有序的、正确的且唯一的 CAD 实体数据模型,因此对其进行切片处理后,其每一个切片截面应该由一组封闭的轮廓线组成。如果截面上的某条封闭轮廓线为一条线段,则说明切片平面切到一条边上;如果截面上的某条封闭轮廓线为一个点,则说明切片平面切到一个顶点上。这些情况都将影响后续软件的处理和原型加工,因此有必要对其进行修正。在不影响精度的前提下,可以采用切片微动法(向上或向下移动一个极小的位移量)来解决这个问题。

3.6.2 分层切片的方法

1. 定层厚拓扑切片

定层厚切片是按给定层厚进行切片处理的方法,根据是否利用三角形的拓扑信息,又可分为定层厚拓扑切片和定层厚容错切片。无论采用哪一种方法,都包括以下四个阶段:拓扑信息重建、排除奇异点、搜索求交和整序保存。

在将三角形的拓扑信息重建以后,输入切片高度 Z,找到与高度 Z 相交的任一个三角形,求出切平面与该三角形的交线,然后找到该三角形的相邻三角形继续进行以上操作,直到回到初始三角形。每个三角形与切平面的交线首尾相连,构成一条多义线。

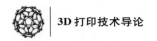

定层厚拓扑切片的主要步骤如下：

（1）拓扑信息重建。

定层厚拓扑切片利用了三维模型的拓扑信息，在切片前必须先进行三维拓扑信息重构，即恢复三角形之间的邻接信息，对任一三角形的任一条边都能找到与之相连的另一三角形。

（2）排除奇异点。

切片时，若有顶点落在切平面上，则称该顶点为奇异点。切片过程中出现的奇异点若带入后续处理过程，会使得后续处理算法复杂，因此要设法排除奇异点。切片的第一个阶段是根据当前切片面高度，搜索所有的三角形顶点，判断是否存在奇异点。若存在奇异点，则可以用微动法调整切平面高度，使之避开奇异点。判断某顶点是否在切平面上，可以通过比较该顶点的 Z 坐标值与切平面的 Z 坐标值是否相等来实现。若 Z 坐标值相等，则表明该顶点落在切平面上，该点即为奇异点。出现奇异点后，要用微动法调整切平面。微动法的基本思想是将切平面的高度上升或下降一个微小量。若切平面调整一个微小量后仍存在奇异点，则要在精度允许范围内继续调整，直到不存在奇异点为止。

（3）搜索求交。

搜索求交的主要工作是依次取出组成实体表面的每一个三角形面片，判断它是否与切平面相交。若相交，则计算出两交点坐标。

（4）整序保存。

对于拓扑切片来说，搜索求交计算出的是一系列首尾相连的交线，因此直接将交线的数据写入 CLI 文件。

2. 定层厚容错切片

定层厚容错切片与定层厚拓扑切片的区别只在于它不需要建立三角形的拓扑信息，正因为这一点，所以在对交线整序保存时，算法也就显得复杂了些。因为搜索求交计算出的是一条条杂乱无序的交线，为便于后续处理，必须将这些杂乱无章的交线依次连接起来，组成首尾相连的多义线。

3. 直接分层切片

为克服 STL 文件的缺点（如对几何模型描述的误差大、拓扑信息丢失较多、数据冗余、文件尺寸大、STL 文件容易出现错误和缺陷等），有不少文献对 CAD 模型的直接分层切片进行了研究。直接切片产生的层片文件与 STL 文件相比,其优点在于:文件数据量大大降低,模型精度大大提高,数据纠错过程简化。

3.6.3　分层切片对模型精度的影响

三维模型的分层是基于 STL 文件进行的,其表面由一个个三角面片组成,如图 3-18(a)所示。当相邻两切平面切在同一个三角面片时,在该三角面片上所形成的台阶如图 3-18(b)所示。

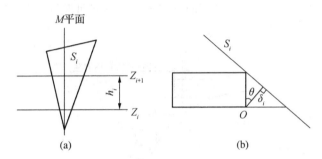

图 3-18　三角面片分层高度和阶梯高度之间的关系

图中,S_i 为轮廓表面的一个三角面片;h_i 为相邻两切平面的距离(分层厚度);θ 是三角面片法向与切平面法向(成型方向)的夹角;δ_i 为 O 点到 S_i 三角平面的垂线高度。

当三角面片的法向一定时,分层厚度越大,阶梯高度越大,原型表面越粗糙;分层厚度一定时,三角面片法向与切平面法向的夹角 θ 是影响所形成阶梯高度的直接因素;当 θ 为 90°时,该三角面片上不形成阶梯,此时层片轮廓是对实体该处轮廓的精确拟合。

根据 3D 打印成型原理,对于同一个原型,分层厚度越大,所需加工层数越少,其加工效率越高,反之加工效率越低。加工效率和原型表面质量是一对矛盾体。要想提高加工效率,就要加大分层厚度,从而导致各个面片上阶梯高度增加,降低了原型表面质量;而要提高原型表面质量,就要降低分层厚度,从而导致加工时间延长,降低了加工效率。

台阶效应对成型零件各种性能的影响,主要体现在以下三个方面。

1. 对零件结构强度的影响

壳体零件定层厚切片会导致圆角处层与层之间结合强度下降。如果都采用最小层厚度切片,则整个加工时间会成倍增加。

2. 对表面精度的影响

从几何角度看,对一个柱形零件,当轴线方向与成型方向一致时,则在成型工艺许可的情况下,应尽可能增加分层厚度而不会造成原型表面的误差,这时表面精度不受分层厚度大小的影响。三维模型表面法向量与成型方向的夹角越小,台阶效应就越明显,表面精度就越差。

3. 台阶效应带来的局部体积缺损(或增加)

如图 3-19 所示,圆角过渡表面法向量与成型方向夹角越小,体积缺损就越严重。

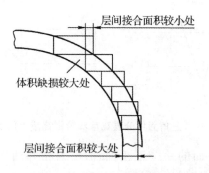

图 3-19　台阶效应对成型零件的影响

为解决等分层厚度切片处理方法存在的问题,可以采用自适应分层方法,如图 3-20(b)所示,就是在误差控制下,根据模型几何特征的变化采用不同的层厚对模型进行分层。当零件表面倾斜度较大时选取较小的分层厚度,以提高原型的成型精度;反之则选取较大的分层厚度,以提高加工效率。

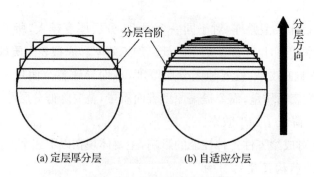

(a) 定层厚分层　　　　(b) 自适应分层

图 3-20　两种分层方法比较

3.7　3D 打印控制软件

3D 打印控制软件用于控制 3D 打印机的加工成型过程,大多数 3D 打印机根据其不同的型号都有与其相配套的 3D 打印控制软件。一般而言,3D 打印控制软件主要实现两个功能:一是对 STL 文件的处理,包括模型大小缩放、分层切片处理、模型位置摆放等功能;二是控制 3D 打印机的工作过程,包括设备复位、喷头加热、打印成型等功能。以下介绍几种 3D 打印控制软件。

1. Repetier-Host

Repetier-Host 是 3D 打印最常用的 PC 端控制软件,是一款操作简单、将生成的 G-Code 以及打印机操作界面集成到一起的软件。另外,它可以调用外部生成的 G-Code 配置文件,并且具备可手动控制的操作界面,用户可以很方便地实时控制打印机。软件界面如图 3 - 21 所示。

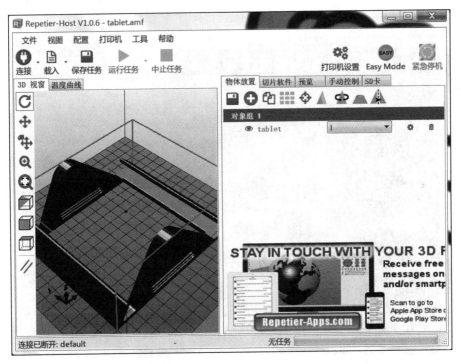

图 3 - 21　Repetier-Host 软件界面

Repetier-Host 软件主界面包括菜单栏、工具栏、视图区和功能区。工具栏主要用于连接打印机,对打印机进行设置。视图区主要用来查看模型、G-Code 文件、温度变化,另外包含一些查看视角快捷按钮。功能区是该软件的核心区域,包含 5 个功能块:物体放置、切片软件、预览、手动控制和 SD 卡。"物体放置"用于对载入的 3D 模型进行变换使 3D 模型方便打印;"切片软件"用于选择切片引擎对变换好的模型进行切片,得到 G-Code 文件;"预览"用于查看切片结果,可以单层查看、多层查看、模拟打印过程、查看打印统计以及修改 G-Code;"手动控制"用于调试打印机,包括测试各轴的运动、风扇开关、加热控制、查看打印机反馈信息、向打印机发送 G-Code 指令等;"SD 卡"用来在联机状态下读写 SD 卡内容以及删除某些 G-Code 文件。

2. MakerWare

MakerWare 是 MakerBot 3D 打印机的控制软件,使用极其简便,用户能够随意操作,调整模型的位置、方向、尺寸比例,并且能够同时打开多个 3D 模型文件进行设置,可以同时打印多个模型,也可以分别单个进行打印。软件界面如图 3-22 所示。

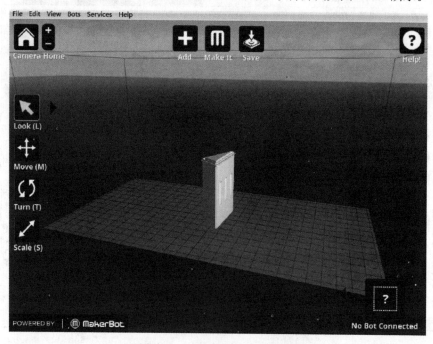

图 3-22 MakerWare 软件界面

MakerWare 软件主界面上的"Add"按钮用于载入 STL 模型,灰色网格区域用来表示 MakerBot 3D 打印机的构建平台,"Camera Home"用于重置 MakerWare 到默认视图,"Look"按钮用于进入查看模式,"Move"按钮用于进入移动模式。"Turn"按钮用于进入选择模式,可以旋转模型对象。"Scale"按钮用于进入比例模式,可以按比例缩放模型以改变其大小。"Make It"按钮用于打开构造对话框,可以指定打印分辨率和其他打印选项,也可以发送模型对象到 MakerBot 进行打印。"Save"按钮用于保存当前构建版上的模型作为一个文件,供以后使用。

3. Objet Studio

Objet Studio 是专为 Objet 系列 3D 打印系统开发的控制软件,支持来自任何三维 CAD 应用程序的 STL 和 SLC 文件,功能强大,能够自动生成支撑,网络功能支持多个用户,方便的托盘构造有效地节省了设置时间,自动托盘布置能够确保精确一致的定位。软件包括 Objet Studio 和 Job Manager 两个模块,界面如图 3-23 和图 3-24 所示。

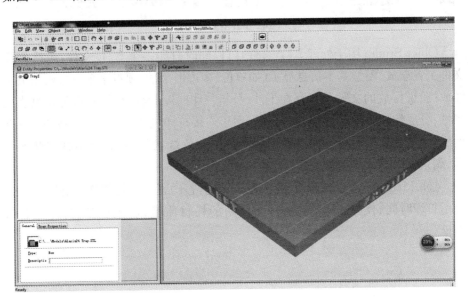

图 3-23　Objet Studio 界面

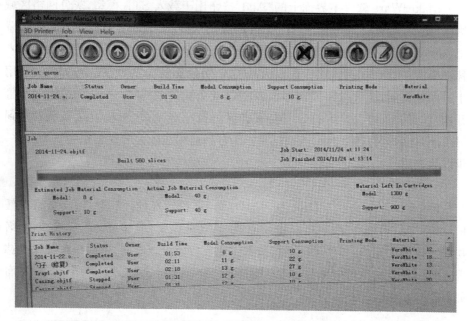

图 3 - 24　Job Manager 界面

Objet Studio 用于处理 STL 文件,可以同时打印多个 STL 文件,包括 STL 文件位置摆放、模型基本信息显示(如单位、多边形个数、顶点个数等)、模型大小缩放、验证摆放的文件是否存在干涉、分析打印时间和耗材质量、选择模型表面特性、分层切片等功能。Objet Studio 用于连接打印机的界面 Objet 如图 3 - 25 所示,包括连接打印机按钮、喷头状态显示、UV 灯状态显示、材料抽取状态显示、剩余材料显示等功能。

Job Manager 用于管理打印任务状态,包括开始任务、暂停任务、停止任务,显示打印时间、模型切片层数、打印使用的耗材质量、历史任务、打印进程等功能。

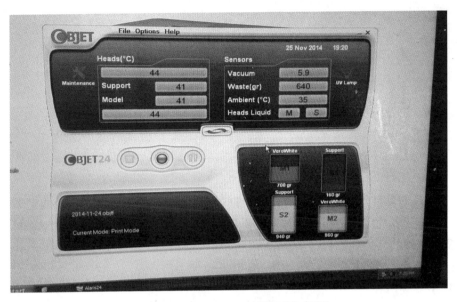

图 3‑25　Objet Studio 连接打印机界面

1. 3D 打印的软件包括哪些?

2. 正向设计和逆向设计有什么不同? 各自的特点是什么?

3. 常用的 3D 设计软件有哪些?

4. 什么是模型的支撑添加技术? 添加支撑的原则是什么?

5. 模型分层切片的方法有哪些?

第4章 3D打印材料技术

3D打印技术使用的成型材料本身的特性对成型件的成型质量和成型工艺的实现起着决定性的作用。本章主要介绍3D打印技术使用的各类成型材料以及成型件的后处理流程。

4.1 概述

在3D打印领域中,3D打印材料始终扮演着举足轻重的角色。材料是3D打印技术的物质基础,也是当前制约3D打印技术发展的瓶颈所在,在某种程度上,材料的发展决定着3D打印能否有更广泛的应用。3D打印材料种类繁多,有各种分类方式,可按物理状态、化学性能、材料成型方法等多种角度分类。目前,3D打印常用材料主要包括工程塑料、光敏树脂、橡胶类材料、金属材料和陶瓷材料等,除此之外,彩色石膏材料、人造骨粉、细胞生物材料以及砂糖、巧克力等食品材料也在3D打印领域得到了应用与发展。按物理状态可将3D打印各成型工艺常用材料详细划分,如下表4-1所示。

表4-1 3D打印常用材料

材料形态	材料品种
液态	光敏树脂
固态粉末	蜡粉、尼龙粉、覆膜陶瓷粉、铝合金粉、覆膜钢粉、人造骨粉、石膏粉、石英砂粉等
固态片材	覆膜纸、覆膜塑料、覆膜陶瓷箔、覆膜金属箔等
固态丝材	蜡丝、ABS丝材、PLA丝材等
新型材料	细胞生物材料、砂糖、巧克力等

3D 打印材料由于具有技术保密性好、垄断性强的特点,也成为 3D 打印技术竞争的焦点。目前,国内外都加大了对 3D 打印材料研究的投入,目前在材料方面的工作主要是:

　　(1) 开发满足不同用途要求的多品种 3D 打印材料,如直接成型金属件的 3D 打印材料和医用的、具有生物活性的 3D 打印材料等。

　　(2) 建立材料的性能数据库,开发性能更加优越、无污染的 3D 打印材料。

　　(3) 利用计算机对材料的成型过程和成型性能进行模拟、分析。

　　各种 3D 打印工艺对其成型材料的要求一般是能够快速、精确地成型,原型件具有一定的机械性能。以下分别论述各类 3D 打印成型材料。

4.2　SLA 工艺成型材料

　　光固化成型(SLA)工艺是最早发展起来的 3D 打印技术之一,也是目前研究最深入、技术最成熟、应用最广泛的成型工艺之一。SLA 工艺所用的成型材料一般为感光性的液态树脂,即光敏树脂。

4.2.1　光固化的概念

　　光固化成型就是在光源(紫外光、激光)的作用下实现固化的过程,属于化学方法固化,是光引发化学反应的结果。光固化的物质基础是以预聚物为主要组成物,辅以活性稀释剂或称之为活性单体的物质、光引发剂和添加剂(稳定剂、填料、颜料及改性剂等)等。固化的化学机理依赖于光引发剂产生的是自由基还是阳离子,而且不论何种固化机理,整个聚合、交联过程都通过不饱和双键进行。高能辐射源特别是电子束固化和 γ 射线固化,由于能量很高,整个固化过程不需要引发剂,直接且随机地在反应介质中产生自由基,这样不仅导致不饱和双键的聚合,而且在分子链骨架上产生的自由基也可相互耦合或引发反应。

　　光敏树脂是由聚合物单体与预聚体组成的,由于具有良好的液体流动性和瞬间光固化特性,使得液态光敏树脂成为其用于高精度 3D 打印制品的首选材料。光敏树脂体系中的预聚物也被称为低聚物或齐聚物。预聚物主要是不饱和树脂,一般含有 C═C 双键、环氧基团等,是光固化树脂的主体。它的性能基本上决定了固化后成型材料的主要性能,并且赋予了固化物物理化学性能。一般来说,预聚物分子量大,固化时体积收缩小,但分子量大、黏度高,也就需要更多的活性单体稀释。

活性单体就是本身分子量比较小又可参与并促进固化交联反应形成模型材料的一种有机化合物。在辐射固化组成中,活性单体起着重要的作用。在光固化树脂体系中,由于预聚物黏度较大,因而不能满足成型的要求,必须加入活性单体来调节体系的黏度。活性单体一方面能够降低树脂体系的黏度,另一方面也参与光聚合,影响固化动力学、聚合程度和所生成的聚合物的物理化学性质等。

光引发剂实质上是一种将光能转换为化学能的媒体,是光固化组分预聚物和单体吸收光能的一种桥梁。依据受光作用产生裂解的结果,光引发剂可以分为自由基型、阳离子型以及混杂性三种类型。

添加剂是固化成型材料的重要组成部分,可以改善生产工艺、提高产品性能(液态树脂和固化物),减少对环境的污染,开发各种功能性材料。虽然绝大多数添加剂的使用比例相对较低,但往往对性能改进起到十分关键的作用。

4.2.2　光敏树脂的特性

用于 SLA 的光固化树脂和下面介绍的普通的光固化预聚物基本相同,但由于 SLA 所用的光源是单色光,不同于普通的紫外光,同时对固化速率又有更高的要求,因此用于 SLA 的光固化树脂一般应具有以下特性。

(1) 黏度低。光固化是根据 CAD 模型,树脂一层层叠加成零件。当完成一层后,由于树脂表面张力大于固态树脂表面张力,液态树脂很难自动覆盖已固化的固态树脂的表面,必须借助自动刮板将树脂液面刮平涂覆一次,而且只有待液面流平后才能加工下一层。这就需要树脂有较低的黏度,以保证其较好的流平性,便于操作。现在树脂黏度一般要求在 600 cp·s(30 ℃)以下。

(2) 固化收缩小。液态树脂分子间的距离是范德华力作用距离,距离约为 0.3~0.5 nm。固化后,分子发生了交联,形成网状结构分子间的距离转化为共价键距离,距离约为 0.154 nm,显然固化前后分子间的距离减小。分子间发生一次加聚反应距离就要减小 0.125~0.325 nm。虽然在化学变化过程中,C═C 转变为 C—C,键长略有增加,但对分子间作用距离变化的贡献是很小的。因此,固化后必然出现体积收缩。同时,固化前后由无序变为较有序,也会出现体积收缩。收缩对成型模型十分不利,会产生内应力,容易引起模型零件变形,产生翘曲、开裂等,严重影响零件的精度。因此开发低收缩的树脂是目前 SLA 树脂面临的主要问题。只有低收缩才有利于提高成型模型零件的精度。

(3) 固化速率快。一般成型时以每层厚度 $0.1 \sim 0.2$ mm 进行逐层固化,完成一个零件要固化百至数千层。因此,如果要在较短时间内制造出实体,固化速率是非常重要的。激光束对一个点进行曝光时间仅为微秒至毫秒的范围,几乎相当于所用光引发剂的激发态寿命。固化速率慢不仅影响固化效果,同时也直接影响着成型机的工作效率,很难适用于商业生产。

(4) 溶胀小。在模型成型过程中,液态树脂一直覆盖在已固化的部分工件上面,能够渗入到固化件内而使已经固化的树脂发生溶胀,造成零件尺寸发生增大。只有树脂溶胀小,才能保证模型的精度。

(5) 高的光敏感性。由于 SLA 所用的是单色光,这就要求感光树脂与激光的波长必须匹配,即激光的波长尽可能在感光树脂的最大吸收波长附近。同时感光树脂的吸收波长范围应窄,这样可以保证只在激光照射的点上发生固化,从而提高零件的制作精度。

(6) 固化程度高。可以减少后固化成型模型的收缩,从而减少后固化变形。

(7) 湿态强度高。较高的湿态强度可以保证后固化过程不产生变形、膨胀、及层间剥离。

理想的 SLA 成型材料应具备以下性能:

(1) 高固化速度、低收缩、低翘曲光固化树脂,以确保零件成型精度。

(2) 具有更好力学性能,尤其是冲击性和柔韧性,方便直接使用和进行功能测试用。

(3) 低黏度,无毒害,无环境污染的真正意义上的绿色产品。

(4) 具有导电性、耐高温、阻燃性、耐溶性、透光性高的树脂,可直接投入应用。

(5) 具有生物相融性,用以制作生物活性材料。

(6) 安全性,毒性低(皮肤刺激指数 pH 为 3 以下,小于 2 最好),挥发性低,气味小。

4.2.3　光敏树脂研究现状

最早应用于 SLA 工艺的液态树脂是自由基型紫外光敏树脂,主要以丙烯酸醋及聚氨酯丙烯酸酯作为预聚物,固化机理是通过加成反应将双键转化为单键。

如 Ciba-Geigy Cibatool 公司推出的 5081、5131、5149，Du Pont 公司推出的商业化树脂 2100(2110)、3100(3110)。这类光敏树脂具有固化速度快、黏度低、韧性好、成本低的优点。其缺点在于：在固化时，由于表面氧的干扰作用，使成型零件精度较低；树脂固化时收缩大，成型零件翘曲变形大；反应固化率（固化程度）较环氧系的低，需二次固化；固化反应后应力变形大。

随后又开发了阳离子型紫外光敏树脂，主要以环状化合物及乙烯基醚作为预聚物，固化机理为在光引发剂的作用下，预聚物环状化合物的环氧基发生开环聚合反应，树脂由液态变为固态。环氧类光敏树脂的应用时间较长，并仍在不断发展，如 2000 年 Vantico 公司推出的 SL－5170、SL－5210、SL－5240 等，DSM Somos 公司推出的 Somos 6110、7110、8110 等，瑞士 RPC 公司推出的 RPCure100HC、100AR 等。以乙烯基醚类为预聚物的阳离子光敏树脂出现较晚，1992 年 3 月，日本成功地开发了以乙烯醚预聚物为主要成分的 Exactomer2201 型树脂，作为 SLA－250 快速成型设备的专用树脂。

阳离子型树脂的优点在于：聚合时体积收缩小，反应固化率高，成型后不需要进行二次固化处理，与需要进行二次固化的树脂相比，不会发生二次固化时的收缩应力变形；不受氧阻聚；由于成型固化率高、时效影响小，因而成型数月后也无明显的翘曲及应力变形产生；力学性能好。其缺点在于：树脂黏度较高，需添加相当量的活性单体或低黏度的预聚物才能达到满意的加工黏度；阳离子聚合通常要求在低温、无水情况下进行，条件比自由基聚合苛刻。

目前，将自由基聚合树脂与阳离子聚合树脂混合聚合的研究较多，这类混合聚合的光敏树脂主要由丙烯酸系列、乙烯基醚系列和环氧系列的预聚物和单体组成。由于自由基聚合具有诱导期短、固化时收缩严重、光熄灭后反应立即停止的特点，而阳离子聚合诱导期较长、固化时体积收缩小、光熄灭后反应可继续进行，因此两者结合可互相补充，使配方设计更为理想，还有可能形成互穿网络结构，使固化树脂的性能得到改善。

根据目前的研究现状，光固化材料研发重点将逐渐集中于以下几个方向。

1. 不同光敏树脂的性能研究

不同树脂的性能各不相同，通过研究树脂所需组分和光引发剂适合含量，树脂各个组分含量对最终固化成型的影响，以及树脂稳定性能等来确定不同树脂所适应的产品。

2. 光敏树脂的改性研究

各种树脂的优缺点不同，通过对光敏树脂进行改性，得到性能优异的 3D 打印光敏树脂,减少其收缩性、改善黏度、提高稳定性,提高打印件的质量,同时降低其污染毒害,提高安全特性。

3. 新材料的应用开发与创新

在原有光敏树脂的合成、改性理论上开发新型树脂、让光固化工艺的适应范围不断扩大,只有不断创新才能推动该领域的快速发展。目前一些新型的树脂材料,例如聚醚丙烯酸酯、有机硅聚酯等已经相继投入使用。

4.2.4　几种常见光敏树脂

目前,研究光固化 3D 打印技术的主要有美国 3D Systems 公司和以色列Objet 公司,常见的光敏树脂有 Somos Next 材料、Somos WaterShed XC 11122材料、Somos 19120 材料和环氧树脂等。

Somos Next 材料为白色材质,类 PC 新材料,韧性非常好,基本可达到选择性激光烧结(SLS)制作的尼龙材料性能,而精度和表面质量更佳,是目前性能最接近热塑性塑料的光固化快速成型材料。Somos Next 材料制作的部件拥有迄今最优的刚性和韧性,克服了传统快速成型件比较脆的缺陷,同时保持了光固化立体造型材料做工精致、尺寸精确和外观漂亮的优点,主要应用于汽车、家电、电子消费品等领域,它同样高度适用于生产功能性的最终用途性能原型,包括卡扣设计、叶轮、管道、连接装置、电子产品外壳、汽车壳、仪表盘组织、包装、体育用品等。使用 Somos Next 材料制作的模型如图 4-2 所示。

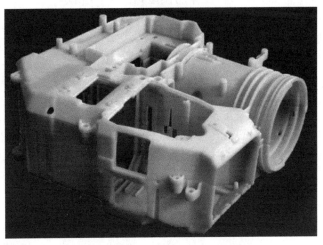

图 4-2　Somos Next 材料制作的模型

Somos 11122 材料是由 DSM Somos 研发的一种具有抗水性能的透明材料，看上去更像是真实透明的塑料，具有优秀的防水和尺寸稳定性，可广泛地用于医疗器材领域中，包括生物医疗产品以及与皮肤接触的应用中。使用 Somos 11122 材料制作的模型如图 4-3 所示。

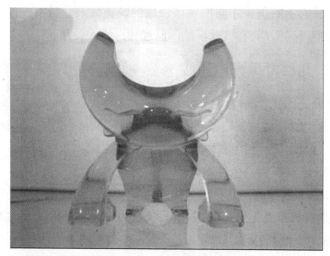

图 4-3　Somos 11122 材料制作的模型

Somos 19120 材料为粉红色，是一种铸造专用材料，成型后可直接代替精密铸造的蜡模原型，避免开发模具的风险，大大缩短周期，拥有低污染和高精度等特点。使用 Somos 19120 材料制作的模型如图 4-4 所示。

图 4-4　Somos 19120 材料制作的模型

环氧树脂是一种便于铸造的激光快速成型树脂,它含灰量极低(800 ℃时的残留含灰量小于 0.01%),可用于熔融石英和氧化铝高温型壳体系,而且不含重金属锑,可用于制造极其精密的快速铸造型模。环氧树脂固化时的收缩性低,产生的内应力小,固化后的环氧树脂体系具有优良的力学性能。环氧树脂及环氧树脂胶黏剂本身无毒,但由于在制备过程中添加了溶剂及其他有毒物,因此不少环氧树脂有毒,国内环氧树脂业正通过水性改性、避免添加等途径,保持环氧树脂无毒本色。环氧树脂一般和添加物同时使用,以获得应用价值。添加物可按不同用途加以选择,常用添加物有固化剂、改性剂、填料、稀释剂等。其中固化剂是必不可少的添加物,无论是做黏合剂、涂料、浇注料都需添加固化剂,否则环氧树脂不能固化。由于用途性能要求各不相同,对环氧树脂及固化剂、改性剂、填料、稀释剂等添加物也有不同的要求。使用环氧树脂材料制作的模型如图 4-5 所示。

图 4-5　环氧树脂材料制作的模型

4.2.5　SLA 支撑材料

SLA 工艺成型时,负责构造零件的实体建模材料为光固化材料;支撑材料是对于结构比较复杂的零件,零件中常会有内部空洞和悬空部分,这时,需要用支撑材料进行填充,以支撑实体材料喷射出的液滴直至固化,辅助实体材料成型。当喷射完成后,支撑材料从模型零件中除去。目前根据支撑材料固化形式的不同,支撑材料分为相变蜡支撑材料和光固化支撑材料。

1. 相变蜡支撑材料

相变蜡支撑材料是利用混合蜡在不同温度时,吸收或放出热量,固、液两相之间转变的原理温度升高,混合蜡从环境中吸收热量,当温度升高到其熔点时,混合蜡从固态转变为液态,这时可通过支撑喷头进行喷射;当液态混合蜡喷射出来后,温度下降,当温度降至混合蜡的凝固点时,混合蜡由液态转变为固态,从而起到支撑作用。其优点是原料价格十分便宜,且不容易堵塞喷头,即使喷头堵塞,只需要加热喷头或用热水冲洗就能够疏通喷头。但是此种支撑材料需要在较高的温度下进行喷射,固化时需要冷却。与光固化支撑材料相比较,成型时间较长,成型精度较差。

2. 光固化支撑材料

光固化支撑材料与实体建模材料一样,都是一种可用之外光固化的聚合物树脂,目前以色列 Objet 公司(已被 Stratasys 公司收购)的光固化工艺多采用这种支撑。其原理就是用于支撑的树脂从喷头喷射出来后,经紫外灯照射固化,从而起到支撑作用。其优点是可以在较低的温度下喷射,提高喷射的稳定性,采用光固化树脂作为支撑,收缩率低,从而提高制件精度。但同时由于这种支撑材料预聚物中加入了光固化单体,容易热聚成凝胶,所以堵塞喷头的现象时有发生;且光固化单体聚合交联后不溶于大多数溶剂,喷头堵塞后容易损坏。

4.3 LOM 工艺成型材料

LOM 工艺常用原材料是纸材、金属箔、塑料薄膜、陶瓷薄膜和复合材料片材等,目前 LOM 基体材料主要是纸材。这些材料除了可以制造模具、模型外,还可以直接制造结构件或功能件。材料品质的优劣主要表现为成型件的黏结性能、强度、硬度、可剥离性、防潮性能等。

4.3.1 LOM 材料组成

LOM 工艺成型材料为涂有热熔胶的薄层材料,层与层之间的黏结是靠热熔胶保证的,一般由薄片材料和热熔胶两部分组成。

1. 薄片材料

根据对原型件性能要求的不同,薄片材料可分为纸片材、金属片材、陶瓷片材、塑料薄膜和复合材料片材。对基体薄片材料要求具有良好的抗湿性、良好的浸润性、抗拉强度高、收缩率小、剥离性能好。

目前纸片材应用最多。这种纸由纸质基底和涂覆的黏结剂、改性添加剂组成，成本较低。

2. 热熔胶

用于 LOM 纸基的热熔胶按基体树脂划分，主要有乙烯—醋酸乙烯酯共聚物型热熔胶、聚酯类热熔胶、尼龙类热熔胶或其混合物。热熔胶要求有如下性能：

(1) 良好的热熔冷固性能(室温下固化)，有利于涂布。

(2) 在反复"熔融—固化"条件下其物理化学性能稳定。

(3) 熔融状态下与薄片材料有较好的涂挂性和涂匀性。

(4) 足够的黏结强度。

(5) 在薄片材料中有一定的渗透能力，和片材之间有较好的润湿性和亲和性，黏结牢固。

(6) 吸湿性较低，在制件保存过程中不会引起较大的形变。

(7) 良好的废料分离性能，有利于废料的剥离，后处理方便。

目前，EVA 型热熔胶应用最广。EVA 型热熔胶由共聚物 EVA 树脂、增黏剂、蜡类和抗氧剂等组成。增黏剂的作用是增加对被黏物体的表面黏附性和胶接强度。随着增黏剂用量增加，流动性、扩散性变好，能提高胶接面的润湿性和初黏性。但增黏剂用量过多，会导致胶层变脆，内聚强度下降。为了防止热熔胶热分解、胶变质和胶接强度下降，延长胶的使用寿命，一般加入 $0.5\%\sim2\%$ 的抗氧剂；为了降低成本，减少固化时的收缩率和过度渗透性，有时添加填料。

热熔胶涂布可分为均匀式涂布和非均匀涂布两种。均匀式涂布采用狭缝式刮板进行涂布，非均匀涂布有条纹式和颗粒式。一般来讲，非均匀涂布可以减少应力集中，但涂布设备比较贵。

LOM 原型的用途不同，对薄片材料和热熔胶的要求也不同。当 LOM 原型用作功能构件或代替木模时，满足一般性能要求即可。若将 LOM 原型作为消失模进行精密熔模铸造，则要求高温灼烧时 LOM 原型的发气速度较小，发气量及残留灰分较少等。而用 LOM 原型直接作模具时，还要求片层材料和黏结剂具有一定的导热和导电性能。

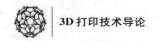

4.3.2　纸质片材

LOM 工艺所用的纸一般由纸质基底和涂覆的黏合剂、改性添加剂组成,其成本较低,基底在成型过程中不发生状态改变(即始终为固态),因此翘曲变形小,最适合于大、中型零件的制作。

选择 LOM 纸材应按照以下基本要求:

(1) 形状为卷筒纸,便于系统工业化的连续加工。

(2) 厚度根据成型制件的精度及成型时间的要求综合确定。在精度要求高时,应选择薄纸;在精度能满足要求的前提下,尽量选择厚度较大的纸,这样可以提高成型速度。

(3) 均匀性好,不同点的厚度,要求相对误差不大于 5%,同时,纸的正反面,纵横向差别也应尽量小。

(4) 力学性能好,纸在受拉力的方向必须有足够的抗张强度,便于纸的自动传输和收卷;同时,纸的抗张强度还影响成型制件铸件的力学性能。纸的伸长率、耐折度、撕裂度等也都是选择纸型时的参考指标。

(5) 纤维的组织结构好,质量好的纸纤维长且均匀,纤维间保持一定间隙,因为 LOM 技术要求纸上涂布一层均匀的胶黏剂,所以要求纸的表面空隙大而密,使胶能很好地渗入纸层,在打印时能达到良好的黏结效果。

KINERGY 公司生产的纸材采用了熔化温度较高的黏合剂和特殊的改性添加剂,用这种材料成型的制件坚硬如木(制件水平面上的硬度为 18 HRR,垂直面上的硬度为 100 HRR),表面光滑,有的材料能在 200 ℃ 下工作,制件的最小壁厚可达 0.3~0.5 mm,成型过程中只有很小的翘曲变形,即使间断地进行成型也不会出现不黏结的裂缝,成型后工件与废料易分离,经表面涂覆处理后不吸水,有良好的稳定性。采用纸质片材的 LOM 工艺由于激光切割过程中造成有毒烟雾,成型精度低、原型强度较低等缺陷,目前已被采用 PVC 薄膜、陶瓷薄膜等材料的 LOM 工艺所取代。

4.3.3　陶瓷片材

LOM 工艺是由美国的 Helisys 公司首先开发并应用于陶瓷领域的。用于叠加的陶瓷材料一般为流延薄材,也可以是轧膜薄片。切割方式可采用接触式和非接触式两种。非接触式切割方式一般为激光切割。接触式切割可采用机械切割。国内直接用于陶瓷领域的 LOM 设备比较少,目前研究的重点主要集中在流延素坯卷材的生产、素坯的叠加和烧结性能的研究上,并在此研究基础上开发可连续生产的成套设备。

美国 Dayton 大学的 Donald A. Klosterman 等人应用 LOM 技术成功制备出了陶瓷器件、陶瓷基复合材料以及树脂复合材料。Lone Peak 工程公司采用 LOM 法制成了 Al_2O_3 槽头夹具,烧结后的陶瓷体厚度方向收缩率为 26.7%。与传统干压工艺成型器件的力学性能相比,二者之间相差不大;但是 LOM 工艺还具有可成形复杂形状器件和效率高的优点,因而应用前景看好。

LOM 制造中应注意的一个问题是坯体表面存在层与层之间的台阶,表面不光滑,需要进行边界磨光。随着叠层技术和工艺的改进,四点弯曲强度可达 200~275 MPa。从目前的研究来看,可制备的陶瓷器件主要为形状较为复杂的盘状和片状等。如果制造成本进一步降低,日常和工业上应用的大多数的盘状、片状和管状陶瓷材料都可通过 LOM 工艺来实现。

4.4　SLS 工艺成型材料

SLS 工艺与 SLA 工艺很相似,只是用粉末原料取代了液态光聚合物,并以一定的扫描速度和能量作用于粉末材料,从理论上讲,任何被激光加热后能够在粉粒间形成原子间连接的粉末材料都可以作为 SLS 的成型材料。该技术具有原材料选择广泛、多余材料易于清理、应用范围广等优点,适用于原型及功能零件的制造。SLS 技术使用的是微米级粉体材料,包括塑料、蜡、陶瓷、金属及其复合粉体。用蜡可以制造精密铸造用蜡模,用热塑性塑料可以制造消失模,用陶瓷可以制造铸造壳型、型芯和陶瓷构件,用金属可以制造金属结构件。下面介绍几种常见的 SLS 成型材料。

4.4.1　金属粉末材料

金属粉末材料的应用领域相当广泛,例如,石化工程、航空航天、汽车制造、注塑模具、轻金属合金铸造、食品加工、医疗、造纸、电力工业、珠宝、时装等。

金属基合成材料的硬度高,有较高的工作温度,可用于复制高温模具。常用的金属基合成材料是由以下几种材料组合而成。

(1) 金属粉,使用的金属粉末主要是不锈钢粉末、还原铁粉、铜粉、合金材料等,还有用于打印首饰的金银等金属粉末。

（2）黏结剂,主要是高分子材料,一般多为有机玻璃粉（PMMA）、聚甲基丙烯酸丁酯（PBMA）、环氧树脂和其他易于热降解的高分子共聚物。

金属基粉末材料主要有两大类:一类是用聚合物作黏结剂的金属粉末,包括用有机聚合物包覆金属粉末材料制得的覆膜金属粉末（如 DTM 公司的 RapidSteel 2.0）及金属与有机聚合物的混合粉末。这类金属粉末在激光烧结过程中,金属颗粒被有机聚合物黏结在一起,形成零件初坯,初坯经过高温脱除有机聚合物、渗铜等后处理,可制得密实的金属零件和金属模具。另一类是不含有机黏合剂的金属粉末,这类金属粉末可用大功率的激光器直接烧结成致密度较高的功能性金属零件和模具。

金属粉末的直接烧结成型因工艺简单而备受关注,但有较大的难度。金属粉末在激光烧结过程中,激光束逐行扫描而形成圆柱形的金属熔化轨迹,为减少表面积,降低液相表面能,液柱有分裂成一排球面的倾向,称为"球化"效应。球形直径往往大于粉末颗粒直径,导致大量孔隙存在于烧结件中。单组分金属粉末的"球化"效应尤其严重,因此,直接烧结成形的金属粉末通常采用两种及两种以上金属的混合物,熔点较低的金属起黏结剂的作用。

多元金属粉末中的黏结相大多采用的是金属 Sn 等低熔点材料。低熔点金属的熔点较低,其材料的强度一般也较低,使得制成的烧结件强度也低,性能很差。为了提高烧结件的性能,必须提高多元金属粉末中低熔点金属的熔点,最好用熔点接近或超过 1 000 ℃的金属材料作为黏结剂,用更高熔点金属作为合金的基体,高熔点金属原子间结合力强,高温下不易产生塑性变形,即抗蠕变能力强,才能得到力学性能、尺寸精度、表面质量、金属密度等可以满足使用要求的金属零件及模具,因此高熔点金属粉末激光直接烧结成形的研究备受人们的关注。

能够用于 3D 打印的金属种类还较少,包括不锈钢、钴铬合金、钛合金等。但近几年来,随着各国材料研究的继续推进,越来越多的金属材料可用于 3D 打印技术,研发人员对 3D 打印的金属材料也有了更大的选择范围,包括工具钢、铝压铸合金、镍基合金等材料。目前,美国 DTM 公司已经商业化的金属粉末产品有以下几种。

（1）RapidSteel1.0,其材料成分为 1 080 碳钢金属粉末和聚合物材料,聚合物均匀覆在粉粒的表面,成型坯件的密度是钢密度的 55%,强度可达 2.8 MPa,所渗金属可以是纯铜,也可以是青铜,这种材料主要用来制造注塑模。

（2）在 apid Steel 1.0 基础上发展的 Rapid Steel 2.0，其烧结成型件完全密实，达到铝合金的强度和硬度，能进行机加工、焊接、表面处理及热处理，可作为塑料件的注塑成型模具，注塑模的寿命已达 10 万件/副，也可以用来制造用于 Al、Mg、Zn 等有色金属零件的压铸模，压铸模的寿命只有 200～500 件/副。

（3）Copper Polyamide，基体材料为铜粉，黏结剂为聚酰胺（polyamide），其特点是成型后不需二次烧结，只需渗入低黏度耐高温的高分子材料（如环氧树脂等），成型件可用于常用塑料的注塑成型，但模具的寿命只有 100～400 件/副。

此外，还有德国 EOS 推出的 DirectSteel 20‐V1（混合有其他金属粉末的钢粉末）等材料。

4.4.2　高分子粉末材料

在高分子粉末材料中，经常使用的材料包括聚碳酸酯（PC）、聚苯乙烯粉（PS）、ABS、尼龙（PA）、尼龙与玻璃微球的混合物、蜡料等。应用于精密铸造金属零件的材料时，使用的高分子基体材料要求在中、低温易于流动或者易于热分散。

已商品化的 SLS 高分子粉末材料有：

（1）DuraForm PA（尼龙粉末，美国 DTM 公司），其热稳定性、化学稳定性优良。

（2）DuraForm GF（添加玻璃珠的尼龙粉末，美国 DTM 公司），其热稳定性、化学稳定性优良，尺寸精度很高。

（3）Polycarbonate（聚碳酸酯粉末，美国 DTM 公司），其热稳定性良好，可用于精密铸造。

（4）CastForm（聚苯乙烯粉末，美国 DTM 公司），需要用铸造蜡处理，以提高制件的强度和表面粗糙度，完全与失蜡铸造工艺兼容。

（5）Somos 201（弹性体高分子粉末，DSM Somos 公司），其类似橡胶产品，具有很高柔性。

高分子材料具有较低的成形温度，烧结所需的激光功率小，且其表面能低，熔融黏度较高，没有金属粉末烧结时较难克服的"球化"效应，因此，高分子粉末是目前应用最多也是应用最成功的 SLS 材料。

4.4.3 陶瓷粉末材料

陶瓷材料具有高强度、高硬度、耐高温、低密度、化学稳定性好、耐腐蚀等优异特性,在航空航天、汽车、生物等行业有着广泛的应用。3D 打印的陶瓷制品耐热(可达 600 ℃)、可回收、无毒,但其强度不高,可作为理想的炊具、餐具、瓷砖、花瓶、艺术品等家居装饰材料。陶瓷粉末的熔点很高,所以在采用 SLS 方法烧结陶瓷粉末时,在陶瓷粉末中加入低熔点的黏结剂。激光烧结时首先将黏结剂熔化,然后通过熔化的黏结剂将陶瓷粉末黏结起来而成型,最后通过后处理来提高陶瓷零件的性能。

目前常用的陶瓷粉末有 Al_2O_3、SiC、ZrO_2 等,其黏结剂有三种:有机黏结剂、无机黏结剂和金属黏结剂。

(1) 有机黏结剂。如聚甲基丙烯酸甲酯(PMMA),用 PMMA 包覆 Al_2O_3、SiC、ZrO_2 等陶瓷粉末材料,经激光烧结成型后,再经过脱脂及高温烧结等后处理可以快捷地制造精密铸造用陶瓷型壳和工程陶瓷零件。

(2) 无机黏结剂。如磷酸二氢氨,$NH_4H_2PO_4$ 在烧结时熔化、分解、生成 P_2O_5,P_2O_5 继续与陶瓷基体 Al_2O_3 反应,最终生成 $AlPO_4$,$AlPO_4$ 是一种无机黏结剂,可将陶瓷粉末黏结在一起。

(3) 金属黏结剂。如铝粉,在烧结过程中铝粉熔化,熔化的铝可将 Al_2O_3 粉末黏结在一起,同时还有一部分铝会在激光烧结过程中氧化,生成 Al_2O_3,并释放出大量的热,促进 Al_2O_3 熔融、黏结。

当材料为陶瓷粉末时,可以直接烧结铸造用壳型来生产各类铸件,甚至是复杂的金属零件。由于工艺过程中铺粉层的原始密度低,因而制件密度也低,故多用于铸造型壳的制造。陶瓷粉末烧结的制件的精度由激光烧结时的精度和后续处理时的精度决定。在激光烧结过程中,粉末烧结收缩率、烧结时间、光强、扫描点间距和扫描线行间距对陶瓷制件坯体的精度有很大影响。另外,光斑的大小和粉末粒径直接影响陶瓷制件的精度和表面粗糙度。后续处理(焙烧)时产生的收缩和变形也会影响陶瓷制件的精度。

4.4.4 覆膜砂粉末材料

覆膜砂与铸造用热型砂类似,采用酚醛树脂等热固性树脂包覆锆砂、石英砂的方法制得,如 DTM 公司的 SandForm Zr。在激光烧结过程中,酚醛树脂受热产生软化和固化,使覆膜砂黏结成型。由于激光加热时间很短,酚醛树脂在短时间内不能完全固化,烧结件的强度较低,须对烧结件进行加热处理,处理后的烧结件可用作铸造用砂型或砂芯来制造金属铸件。

应用于 SLS 技术的覆膜砂表面都涂覆有黏结剂,用得较多的为低分子量酚醛树脂。覆膜砂粉末材料需具备以下特点以达到较好的烧结效果。

(1) 具有良好的黏结性,熔点在 160~260 ℃。

(2) 覆膜材料能够有效降低黏度,增加砂粒的流动性,以保证铺粉时粉层均匀。

(3) 覆膜材料要含有分散剂或非离子表面活性剂,使得覆膜颗粒能够均匀分散,不会把细颗粒黏结成粗大颗粒。

(4) 覆膜材料应含有增加脆性的成分,以便于覆膜完成后的颗粒粉碎。

(5) 可选择合适的溶剂使得所有的添加剂都能够充分的溶解,以保证覆膜的效果。

已商品化的覆膜砂粉末材料如下:

(1) SandForm Si(高分子裹覆的石英砂粉末,由美国 DTM 公司研制)。

(2) SandForm Zr(高分子裹覆的锆石粉末,由美国 DTM 公司研制,其冷壳拉伸强度达 3.3 MPa,用于汽车制造业及航空工业等砂型铸造模型及型芯的制作)。

(3) EOSINT - S700(高分子覆膜砂,由德国 EOS 公司研制)。

4.4.5　其他材料

1. 石蜡粉末材料

石蜡粉末的熔化流动性较好、熔点较低,收缩变形相对于大多数粉末材料也较小,在激光作用下可以获得较好的烧结质量;但是石蜡粉末的团聚效应使其在铺粉时容易受铺粉滚筒的挤压集聚成块,且纯石蜡粉末流动性较差,易造成分层表面凹凸不平,影响铺粉的平整性,很难得到良好的铺粉效果;热塑性高分子材料也具有熔点低、流动性好等优良的可烧结性能。但其致命的弱点是收缩变形严重,这一点严重影响了其在 3D 打印中的应用。因此,美国 DTM 公司研制了低熔点高分子蜡的复合材料。

2. 聚苯乙烯(Polystyrene,PS)

聚苯乙烯受热后可熔化、黏结,冷却后可以固化成型,而且该材料吸湿率低,收缩率也较低,其成型件浸树脂后可进一步提高强度,主要性能指标可达到拉伸强度≥15 MPa、弯曲强度≥33 MPa、冲击强度>3 MPa,可作为原型件或功能件使用,也可用作消失模铸造用母模生产金属铸件,但其缺点是必须采用高温燃烧法(高于 300 ℃)进行脱模处理,因而会造成一定的环境污染。因此,对于 PS 粉原料,针对铸造消失模的使用要求一般加入助分解助剂。如 DTM 公司的商业化产品 TrueForm Polymer,其成型件可进行消失模制造,但其价格较高。

3. 工程塑料(Acrylonitrile Butadiene Styrene,ABS)

ABS 与聚苯乙烯同属热塑性材料,其烧结成型性能与聚苯乙烯相近,但 ABS 成型件强度较高,所以在国内外被广泛用于快速制造原型及功能件。

4. 聚碳酸酯(Polycarbonate,PC)

对聚碳酸酯烧结成型的研究比较成熟,其成型件强度高、表面质量好且脱模容易,主要用于制造熔模铸造航空、医疗、汽车工业的金属零件用的消失模以及制作各行业通用的塑料模,如 DTM 公司的 DTM Polycarbanate。但聚碳酸酯价格比聚苯乙烯昂贵。

5. 尼龙(Polyamide,PA)

尼龙材料用 SLS 方法可被制成功能零件,目前商业化广泛使用的有四种成分的材料。

(1) 标准的 DTM 尼龙(Standard Nylon),能被用来制作具有良好耐热性能和耐蚀性的模型。

(2) DTM 精细尼龙(DuraForm GF),不仅具有与 DTM 尼龙相同的性能,还提高了制件的尺寸精度、降低表面粗糙度,能制造微小特征,适合概念型和测试型制造昂贵。

(3) DTM 医用级的精细尼龙(Fine Nylon Medi-Cal Grade),能通过高温蒸压被蒸汽消毒 5 个循环。

(4) 原型复合材料(ProtoFormTM Composite)是 DuraForm GF 经玻璃强化的一种改性材料,与未被强化的 DTM 尼龙相比,它具有更好的加工性能,同时提高了耐热性和耐腐蚀性。

此外,EOS 公司发展了尼龙粉末材料 PA3200GF(类似于 DTM 的 DuraForm GF),这种材料可以实现高精度零件的制造,并且制作具有很好的表面光洁度。

6. 纳米材料

纳米材料由于颗粒直径极其微小,在较小的激光能量冲击作用下,纳米粉末就会发生飞溅,因而利用 SLS 工艺对于单项纳米粉体材料的烧结成型比较困难。对于纳米材料激光烧结温度的控制,一般是对于聚合物纳米材料采用固相烧结的方法;对于陶瓷纳米材料采用液相烧结的方法;对于金属纳米材料由于其具有易燃、高爆炸,目前直接成型烧结研究的并不多。

4.5　FDM 工艺成型材料

目前,应用于 FDM 工艺的材料基本上是聚合物。成型材料包括 ABS、PLA、石蜡、尼龙、聚碳酸酯(PC)或聚苯砜(Polyphenylene Sulfone Resins, PPSU)等;支撑材料有两种类型,一种是剥离性支撑,需要手动剥离零件表面的支撑;另外一种是水溶性支撑,可分解于碱性水溶液中。

4.5.1　FDM 材料要求

FDM 材料属于一种热塑性材料,在材料熔点左右的温度下产生离散体之间的连接,通过一定的组分搭配,获得一定的流动性,以保证在成型过程中产生较小的内应力,从而减小零件的畸变。作为 FDM 材料,还必须具有一定的弯曲模量和弯曲强度,从而易于制成丝、卷成卷,并在挤出时提供一定的强度,保证挤出熔融的材料,另外,FDM 材料还必须具有较低的黏性,如此才能产生较精确的路径宽度。满足这些条件的材料有聚烯烃、聚酰胺、聚酯等。要使用某种新的材料还必须对其进行分析,包括热分析、流动性分析,以确定材料的黏性、热流动性和体积膨胀率,还应该测量材料的灰分、密度、柔软点和渗透性等参数。

用于 FDM 的热塑性塑料应具有低的凝固收缩率、较好的强度、刚度、热稳定性等物理机械性能。具体而言,应满足以下要求。

1. 机械性能要求

FDM 工艺的丝状进料方式要求料丝具有一定的弯曲强度、压缩强度和拉伸强度,这样在驱动摩擦轮的牵引和驱动力作用下才不会发生断丝现象;支撑材料只要保证不轻易折断即可。

2. 收缩率要求

成型材料的收缩越小越好。如果成型材料收缩率较大,会使 FDM 工艺中产生内应力,使零件产生变形甚至导致层间剥离和零件翘曲;而支撑材料收缩率大,会使支撑产生变形而起不到支撑作用。

3. 材料性能要求

对于成型材料,应保证各层之间有足够的黏结强度;对于可剥离性支撑材料,应与成型材料之间形成较弱的黏结力,对于水溶性支撑材料,要保证良好的水溶性,应能在一定时间内溶于碱性水溶液。

4.5.2　FDM 材料研究现状

ABS 材料是使用最多的 FDM 成型材料,人们系统研究了挤丝速度、出丝直径、挤丝高度、扫描速度、扫描沉积方式、喷嘴出口温度、成型室环境温度等工艺参数对 ABS 成型件的密度、拉伸强度及模量、弯曲强度及模量、曲挠强度等性能以及制件的精度和表面光洁度的影响,通过优化工艺参数,ABS 制成的 FDM 成型件已能满足实际产品的性能要求。PC、PP(Polypropylene,聚丙烯)、PMMA(Polymethylmethacrylate,聚甲基丙烯酸甲酯)、聚酯树脂等热塑性塑料也开始用于 FDM 工艺。

Stratasys 公司是世界上最大的 FDM 生产厂商,1998 年与 MedModeler 公司合作开发了专用于一些医院和医学研究单位的 MedModeler 机型,使用材料为 ABS。1999 年该公司推出可使用热塑性聚酯的 Genisys 型改进机型 Genisys-Xs,材料主要是 ABS、人造橡胶、铸蜡和热塑性聚酯。2001 年推出了支持 FDM 技术的工程材料 PC。用该材料生产的原型可达到并超过 ABS 注射成型的强度,其耐热温度为 $125\sim145$ ℃。2002 年又推出了支持 FDM 技术的工程材料 PPSF,其耐热温度为 $207.2\sim230$ ℃,适合高温的工作环境。在各种快速成型工程材料之中,PPSF 有着最高的耐热性、强韧性以及耐化学品性。随后,Stratasys 公司开发了工程材料 PC/ABS。PC/ABS 结合了 PC 的强度以及 ABS 的韧性,性能明显强于 ABS。

1998 年澳大利亚的 Swinburne 斯威本科技大学推出的一种金属-塑料复合材料丝,是将铁粉混合到尼龙 P301 中,添加增塑剂和表面活性剂制成的。这种材料可用 FDM 工艺直接快速制模。1998 年美国 Virginia 弗吉尼亚工学院研究了用于 FDM 的热致液晶聚合物(TLCP)纤维,其拉伸模量和强度大约是 ABS 的 4 倍。

Stratasys 公司于 1992 年开发出剥离性支撑材料。该支撑材料可很容易地从成型零件上剥离,成型零件的外形也不会因支撑的剥离而损伤。1999 年该公司开发出水溶性支撑材料(丙烯酸酯共聚物)。因为可通过超声波清洗器或碱水(浓缩洗衣粉)等部分溶解,该支撑材料特别适合制造空心及微细特征零件,并解决了手工不易拆除支撑,或因特征太脆弱而拆破的问题,更可增加支撑接触面的光洁度。这对于成型由多个元件组成的组件十分有利。

国内研究 FDM 材料的单位逐渐增多。北京航空航天大学对短切玻璃纤维增强 ABS 复合材料进行了一系列的改性研究。通过加入短切玻纤,能提高 ABS 的强度、硬度且显著降低 ABS 的收缩率,减小制品的形变;但同时使材料变脆。加入适量增韧剂和增容剂后,能较大幅度提高复合材料丝的韧性及力学性能,从而使制备出的短切玻璃纤维增强复合材料适合于 FDM 工艺。北京太尔时代公司通过和国内外知名的化工产品供应商合作,于 2005 年正式推出高性能 FDM 成型材料 ABS 04。该材料具有变形小、韧性好的特点,非常适于装配测试,可直接拉丝。ABS 04 性能和美国 Stratasys 公司的 ABS P400 成型材料性能相近,可以替代进口材料,降低用户的使用成本。目前国内一些单位研发和生产的 FDM 材料已呈现多品种、多功能、普及化和实用化的态势。

4.5.3　ABS 材料

ABS 塑料是丙烯腈 A、丁二烯 B、苯乙烯 S 三种单体共聚而成的聚合物,简称 ABS,是人们在对聚苯乙烯改性中开发的一种新型材料。ABS 每种单体都具有不同特性,从形态上看,ABS 是非结晶性材料,这就决定了 ABS 材料的耐低温性、抗冲击性、外观特性、低蠕变性、优异的尺寸稳定性及易加工性等多种特性,且表面硬度高、耐化学性好,同时通过改变上述三种组分的比例,可改变 ABS 的各种性能。丁二烯为 ABS 树脂提供低温延展性和抗冲击性,但是过多的丁二烯会降低树脂的硬度、光泽及流动性;丙烯腈为 ABS 树脂提供硬度、耐热性、耐酸碱盐等化学腐蚀的性质;苯乙烯为 ABS 树脂提供硬度、加工的流动性及产品表面的光洁度。合成的 ABS 有中冲击型、高冲击型、超高冲击型及耐热型四类。由于其具有韧、刚、硬的优点,用途极为广泛。

ABS 具有优良的综合物理和机械性能,极好的低温抗冲击性能和尺寸稳定性,电性能、耐磨性、抗化学药品性、染色性、成品加工和机械加工较好。ABS 耐水、无机盐、碱和酸类,不溶于大部分醇类和烃类溶剂,而容易溶于醛、酮、酯和某些氯代烃中。ABS 热变形温度低可燃,耐候性较差,熔融温度在 217～237 ℃,

热分解温度在 250 ℃以上。但如今的市场上改性 ABS 材料,很多都是掺杂了水口料、再生料,导致客户成型产品性能不一且不稳定。其物料性能如下。

(1) 综合性能较好,冲击强度较高,化学稳定性,电性能良好。

(2) 与 372 有机玻璃的熔接性良好,制成双色塑件,且可表面镀铬,喷漆处理。

(3) 有高抗冲、高耐热、阻燃、增强、透明等级别。

(4) 流动性比 HIPS 差一点,比 PMMA、PC 等要好,柔韧性好。

(5) 适于制作一般机械零件、减磨耐磨零件、传动零件和电讯零件。

4.5.4 PLA 材料

聚乳酸(Polylactide,PLA)是 3D 打印最主要的原料之一,它是以玉米为原料,通过生产转化为淀粉、葡萄糖、乳酸,直至聚乳酸。PLA 是一种以可再生的植物资源为原料制备而成的绿色塑料,摆脱了对石油资源的依赖,且具有良好的可堆肥性和生物降解性,在环境中降解为二氧化碳和水,不会对环境造成污染。因此 PLA 材料具有广阔的发展前景,在 3D 打印中充当着重要角色。

PLA 材料的优点在于:

(1) 热稳定性好,加工温度 170～230 ℃,有好的抗熔剂性,可用多种方式进行加工,如挤压、纺丝、双轴拉伸、注射吹塑。

(2) 相容性与可降解性良好。聚乳酸在医药领域应用也非常广泛,如可生产一次性输液用具、免拆型手术缝合线等,低分子聚乳酸作药物缓释包装剂等。

(3) 拥有良好的光泽性和透明度,和利用聚苯乙烯所制的薄膜相当,这是其他生物可降解产品无法提供的。

(4) 具有最良好的抗拉强度及延展度。

(5) 具有良好的透气性、透氧性及透二氧化碳性,也具有隔离气味的特性。

(6) 其燃烧热值与焚化纸类相同,是焚化传统塑料(如聚乙烯)的一半,而且焚化聚乳酸绝对不会释放出氮化物、硫化物等有毒气体,显示了这种分解性产品具有的安全性。

4.5.5 FDM 支撑材料

FDM 工艺对支撑材料的要求是能够承受一定的高温、与成型材料不浸润、具有水溶性或者酸溶性、具有较低的熔融温度、流动性要特别好等,具体要求如下。

（1）能承受一定高温。由于 FDM 工艺挤出的丝比较细，在空气中快速冷却，支撑材料能承受 100 ℃的温度即可。

（2）与成型材料不浸润。支撑材料是加工中的辅助手段，在加工完毕后必须去除，与成型材料的亲和性不应太好。

（3）具有水溶性或者酸溶性。成型具有很复杂的内腔、孔等，为了便于后处理，最好是支撑材料在某种液体里可以溶解并且不能产生污染或难闻气味。

（4）熔融温度较低。具有较低的熔融温度可以使材料在较低的温度挤出，提高喷头的使用寿命。

（5）流动性好。由于支撑材料的成型精度要求不高，为了提高机器的扫描速度，要求支撑材料具有很好的流动性。

4.6　3DP 工艺成型材料

3DP 成型材料主要有塑料粉末、金属粉末、石膏粉末、淀粉粉末等，此外还包括各种填充和复合材料、陶瓷及陶瓷金属的混合物和其他新型材料等。

4.6.1　陶瓷粉料

3DP 工艺常用的材料包括陶瓷、金属、塑料的粉体，其关键技术是配制合乎要求的黏结剂。

陶瓷喷墨打印质量取决于陶瓷墨水的性能。由于陶瓷粉料密度较大，纳米级陶瓷粉又容易形成团聚体，因而陶瓷墨水一般由陶瓷微粉、分散剂、结合剂、溶剂及其他辅料构成。陶瓷微粉的粒度要小于 $1~\mu m$，颗粒尺寸分布要窄，颗粒之间不能有强团聚。分散剂帮助陶瓷微粉均匀地分布在溶剂中，并保证在喷打之前微粒不发生团聚。分散性差的墨水因陶瓷微粒在墨滴中分散不均匀而阻塞打印机的喷嘴。因此，分散剂的合理选择及用量是十分关键的。分散剂主要是一些水溶性和油溶性高分子类、苯甲酸及其衍生物、聚丙烯酸及其共聚物等。结合剂是溶剂挥发后，保障打出的陶瓷坯体具有足够的结合强度，便于坯体的转移操作。

溶剂是把陶瓷微粒从打印机输送到基板上的载体，同时又控制着干燥时间。它要有足够挥发性保证快速干燥，为多层沉积提供条件；同时，也应该是低黏度并且与其他成分之间有相容性。用于连续喷射打印的陶瓷墨水，还需加入少量

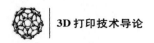

导电盐使墨水达到足够的电导率,保证形成的墨滴能够带电,在偏转电场作用下能够改变路径,打印到计算机指定的位置。

目前办公室用的普通喷墨打印机中的墨水制备方法有两种:一种是把陶瓷微粉与溶剂、分散剂等成分混合,采用球磨合超声波处理打开陶瓷微粉的初始团聚;另一种是用 Sol - Gel 法制备墨水。其实,任何一种制备陶瓷超细粉的方法均可以用于制备 3DP 工艺中的陶瓷墨水。

4.6.2　石膏粉末

石膏是以硫酸钙为主要成分的气硬性胶凝材料,由于石膏胶凝材料及其制品有许多优良性质,原料来源丰富,生产能耗低,因而被广泛地应用于土木建筑工程领域。

石膏的微膨胀性使得石膏制品表面光滑饱满,颜色洁白,质地细腻,具有良好的装饰性和加工性,是用来制作雕塑的绝佳材料。石膏材料相对其他诸多材料而言有着诸多优势。其特点在于:

(1) 精细的颗粒粉末,颗粒直径易于调整。

(2) 价格相对低,性价比高。

(3) 安全环保,无毒无害。

(4) 沙粒感、颗粒状的模型表面。

(5) 材料本身为白色,打印模型可实现彩色。

(6) 唯一支持全彩色打印的材料。

4.7　成型件的后处理

从 3D 打印系统上取下的原型往往需要进行剥离,以便去除废料和支撑结构,有的还需要进行后固化、修补、打磨、抛光和表面强化等处理工序,这些工序统称为后处理。修补、打磨、抛光是为了提高表面的精度,使表面光洁;表面涂覆是为了改变表面的颜色,提高强度、刚度和其他性能。

4.7.1　剥离

剥离是将成型过程中产生的废料、支撑结构与工件分离。虽然 SL、FDM 和 3DP 成型基本无废料,但是有支撑结构,必须在成型后剥离;LOM 成型无需专门的支撑结构,但是有网格状废料,也须在成型后剥离。剥离是一项细致的工作,在有些情况下也很费时。剥离有以下三种方法。

1. 手工剥离

手工剥离法,是操作者用手和一些简单的工具使废料、支撑结构与工件分离。这是最常见的一种剥离方法。对于 LOM 成型机的制品,一般用这种方法使网格状废料与工件分离。

2. 加热剥离

当支撑结构为蜡,而成型材料为熔点较蜡高的材料时,可以用热水或适当温度的热蒸气使支撑结构熔化并与工件分离。这种方法的剥离效率高,工件表面较清洁。

3. 化学剥离

当某种化学液能溶解支撑结构而又不会损伤工件时,可以用此种化学液使支撑结构与工件分离。这种方法的剥离效率高,工件表面较清洁。

4.7.2　修补、打磨和抛光

当工件表面有较明显的小缺陷而需要修补时,可以用热熔塑料、乳胶与细粉料调和而成的腻子,或湿石膏予以填补,然后用砂纸打磨、抛光。

打磨、抛光的常用工具有各种粒度的砂纸、小型电动或气动打磨机。对于用纸基材料打印的工件,当其上有很小而薄弱的特征结构时,可以先在它们的表面涂覆一层增强剂(如强力胶、环氧树脂基漆或聚氨酯漆),然后再打磨、抛光;也可先将这些部分从工件上取下,待打磨、抛光后再用强力胶或环氧树脂黏结、定位。

4.7.3　表面涂覆

表面涂覆是指在材料表面涂覆一层新材料的技术,如电镀(或化学镀)、喷漆(或上涂料)、热喷涂和气相沉积技术等,是在基质表面上形成一种膜层,以改善表面性能的技术。涂覆层的化学成分、组织结构可以和基质材料完全不同,它以满足表面性能、涂覆层与基质材料的结合强度能适应工况要求、经济性好、环保性好为准则。涂覆层的厚度可以是几毫米,也可以是几微米。通常在基质零件表面预留加工余量,以实现表面具有工况需要的涂覆层厚度。

表面涂覆与表面改性和表面处理相比,由于它的约束条件少,而且技术类型和材料的选择空间很大,因而属于表面涂覆类的表面工程技术非常多,而且应用最为广泛。这一类表面工程技术主要包括电镀、电刷镀、化学镀、物理气相沉积、化学气相沉积、热喷涂、堆焊、激光束或电子束表面熔覆、热浸镀等。其中,每一种表面工程技术又分为许多分支。下面介绍几种常见的表面涂覆技术。

1. 喷刷涂料

在 3D 打印成型工件的表面可以喷刷多种涂料,常用的涂料有油漆、液态金属和反应型液态塑料等。其中,对于油漆,以罐装喷射式环氧基油漆、聚氨酯漆为好,因为它使用方便,有较好的附着力和防潮能力。所谓液态金属是一种金属粉末(如铝粉)与环氧树脂的混合物,在室温下呈液态或半液态,当加入固化剂后,能在若干小时内硬化,其抗压强度为 $70\sim80$ MPa,工作温度可达 $140\ ℃$,有金属光泽和较好的耐湿性。反应型液态塑料是一种双组分液体,其中一种是液态异氰酸酯,用作固化剂,另一种是液态多元醇树脂,它们在室温下按一定比例混合并产生化学反应后,能在约一分钟后迅速变成凝胶状,然后固化成类似 ABS 的聚氨酯塑料。将这种未完全固化的材料涂刷在成型工件表面上,能构成一层光亮的塑料硬壳,显著提高工件的强度、刚度和防潮能力。

2. 电化学沉积

电化学沉积(Electro Chemical Deposition,ECD,也称电镀),采用电化学沉积能在成型工件的表面涂覆镍、铜、锡、铅、金、银、铂、钯、铬、锌,以及铅锡合金等,涂覆层厚可达 $20\sim500\ \mu m$ 以上(甚至数毫米),最高涂覆温度为 $600\ ℃$,沉积效率高。由于大多数成型工件不导电,因此,进行电化学沉积前,必须先在成型工件表面喷涂一层导电漆。

进行电化学沉积时,沉积在工件外表面的材料比沉积在内表面的多。因此,对具有深而狭的槽、孔的工件进行电化学沉积时,应采用较小的电镀电流,以免材料只堆集在槽、孔的口部,而无法进入槽、孔的底部。

3. 无电化学沉积

无电化学沉积(Electroless Chemical Deposition,CD,也称无电电镀),无电化学沉积通过化学反应形成涂覆层,它能在工件的表面涂覆金、银、铜、锡,以及合金,涂覆层厚可达 $5\sim20\ \mu m$ 以上,涂覆温度为 $600\ ℃$,平均沉积率为 $3\sim15\ \mu m/h$。沉积前,工件表面先须用 $600\ ℃$、pH 为 12 的碱水清洗 10 分钟,然后用清水漂洗,并用含钯($PdCl_2$)的电解液涂覆表面 10 分钟。

4. 物理蒸发沉积

物理蒸发沉积(Physical Vapour Deposition,PVD)在真空室内进行,它分为

以下三种方式。

(1) 热蒸发,属于低粒子能量。

(2) 溅射,属于中等粒子能量。

(3) 电弧蒸发,属于高粒子能量,包括阴极电弧蒸发和阳极电弧蒸发。

典型涂覆层厚为 $1\sim5~\mu m$。对于最高涂覆温度为 $130~℃$ 的阴极电弧蒸发,能在制作的表面涂覆硝酸铬(CrN)等材料,通常涂覆层厚度为 $1~\mu m$,涂覆前表面须进行等离子体(如 CF_4/O_2)浸蚀预处理(5 分钟),以便提高涂覆时的黏合力。对于最高涂覆温度为 $800~℃$ 的阴极电弧蒸发,能在制作的表面涂覆硝酸钛(TiN)等材料,通常涂覆层厚为 $1~\mu m$,涂覆前表面须进行等离子体浸蚀预处理(10 分钟)。对于最高涂覆温度为 $800~℃$ 的阳极电弧蒸发,能在工件的表面涂覆铜等材料,通常涂覆层厚为 $1~\mu m$,涂覆前表面须进行等离子体浸蚀预处理(2 分钟)。粒子能量愈高,涂覆时的黏合性愈好,但要求被涂覆表面的温度愈高。

思考题

1. 3D 打印常用的材料有哪些?

2. 3D 打印常用的材料的研究方向有哪些?

3. SLA 工艺成型常用材料有哪些?

4. LOM 工艺成型常用材料有哪些?

5. SLS 工艺成型常用材料有哪些?

6. FDM 工艺成型常用材料有哪些?

7. 3DP 工艺成型常用材料有哪些?

8. 为什么需要对 3D 成型件进行后处理? 常用的后处理方法有哪些?

第5章 3D打印技术应用

2012年4月,英国《经济学人》杂志发表了一个封面故事——《第三次工业革命》。这个故事在论述数字技术给我们的世界带来变革的同时,特别提到了3D打印技术会因为对传统工业制造规模效应的冲击而得到非常广阔的发展空间。作为第三次产业革命的标志之一,3D打印技术已在全球制造领域产生了重要影响。随着3D打印技术的成熟与发展,其已经广泛用于家电、汽车、航空航天、船舶、工业设计、医疗等领域,艺术、建筑等领域的工作者也已开始使用3D打印设备。本章主要介绍3D打印技术在工业制造、医学、航空航天、建筑设计等领域的应用。

5.1 概述

根据具体应用对象,3D打印的应用领域可以详细分为工业设计、机械制造(汽车、家电)、医学、航空航天、建筑设计、军事、食品、轻工、文化艺术等方面。随着3D技术自身的发展和完善,其应用领域将不断扩展。

根据3D打印技术的用途,可以将其应用领域概括为以下几个方面。

(1)视觉帮助。通过3D彩色打印,实现几何结构与分析数据的实体可视化。

(2)展示模型。利用3D打印技术可实现快速打印设计模型进行展示。通常运用在建筑设计上,进行建筑总体布局、结构方案的展示和评价。

(3)功能模型。利用3D打印技术快速打印出功能性模型。在医学上可制造器官、骨骼等实体模型,可指导手术方案设计,也可打印制作组织工程和定向药物输送骨架等。

（4）装配试验。3D 打印可以较精确地制造出产品零件中的任意结构细节，借助 3D 打印的实体模型结合设计文件，就可有效指导零件和模具的工艺设计，或进行产品装配试验，避免结构和工艺设计错误。

（5）模具原型。以 3D 打印制造的原型作为模板，制作硅胶、树脂、低熔点合金等快速模具，可便捷地实现几十件到数百件数量零件的小批量制造。

（6）金属铸造模型。3D 打印的实体原型本身具有一定的结构性能，同时利用 3D 打印技术可直接制造金属零件，或制造出熔（蜡）模；再通过熔模铸造金属零件，甚至可以打印制造出特殊要求的功能零件和样件等。

（7）模具零件。直接打印庞大复杂的模具花费的时间多且耗资大，其零件可用 3D 打印技术进行批量制造再组装，并可以随时替换。

（8）教育与研究。借助于 3D 打印的实体模型，不同专业领域（设计、制造、市场、客户）的人员可以对产品实现方案、外观、人机功效等进行实物研究。

3D 打印技术的部分应用案例如图 5-1 所示。

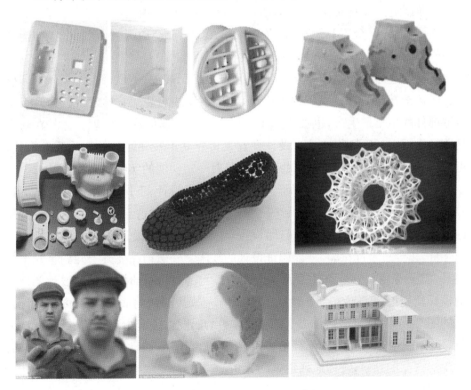

图 5-1　3D 打印的模型应用案例

5.2 3D 打印技术在工业制造的应用

自 3D 打印技术兴起以来,制造业也掀起一股 3D 打印热潮。因为 3D 打印无论是在成本还是在速度与精确度上都要比传统制造优秀,所以制造业利用 3D 技术能产生较高的实际价值,甚至能够解决质量控制问题。

利用 3D 打印技术将大大减少直接从事生产的操作工人比例,劳动力所占生产成本比例随之下降。同时,3D 打印技术的个性化、快捷性和低成本特点使其能够更快地适应市场需求的变化,包括满足小批量产品的生产需求。3D 打印技术的应用使得产品与消费者之间的距离前所未有地接近,给消费者提供了在大规模生产和个性化制造之间进行选择的自由性。此外,3D 打印不需要模具,可以直接进行样品原型制造,因而大大缩短了从图纸到实物的时间,任何形状复杂的零件,都可以被分解为一系列二维制造的叠加,使得生产效率显著提高。

工业制造的面对对象十分广泛,涉及各行各业,如模具的生产制造,工业本身的电子仪器、五金工具制造,以及在汽车、家电、航空航天、医疗上一些结构件和功能件的批量生产都属于工业制造的范畴。

工业制造的过程大体上分为设计、生产、加工、装配、测试、维护。3D 打印模型已经逐渐被用于功能性的原型设计,并用于安装与装配测试、反馈再修正,实现零部件的小批量生产,也被用作工具的图样和金属的加工处理。尤其在新产品研发过程中,3D 打印技术为设计开发人员建立了一种崭新的产品开发模式,可快速、直接、精确地将设计思想转化为具有一定功能的实物模型。

产品开发一般经过市场调研、初步设计、技术设计、工作图设计、样机试制试验、验证修改设计和小批试制几个阶段。样机试制大约占 1/3 的时间,所投费用占 60%~80%。如果没有 3D 打印设备,先要根据产品设计图样制作模具生产出零件,再经过装配试验,才能验证设计的缺陷。一般产品要开十几副至几十副模具,需要费用几万至十几万元甚至几十万元,耗费数月时间,验证设计要修改的模具费用占 20%~30%。运用 3D 打印技术则可在数小时或几天内将设计人员的图纸或 CAD 模型转化成实际模型样件,可迅速地得到用户对设计的反馈意见,不仅提高设计质量,降低开发费用,缩短试制周期,而且也有利于产品制造者加深对产品的理解,合理地确定生产方式、工艺流程。图 5-2 所示为 3D 打印的工业器械模型。

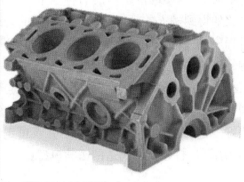

图 5－2　3D 打印的工业器械模型

5.3　3D 打印技术在医学领域的应用

除了被用于工业制造的模型,如今的 3D 打印机也在造福医疗领域,医疗行业存在大量的定制化需求,难从进行标准化、大批量的生产,这恰是 3D 打印技术的优势,目前已经可以定制人体肝脏和肾脏的模型,而科学家们还在研究如何用 3D 打印机打印胚胎干细胞和活体组织,目标是制造出能够直接移植到受体身上的人体部位。用 3D 打印机制造人体部位可能再过很多年才能实现,但是先进的 3D 打印机目前已经开始走进医院。从医学角度看,3D 打印技术因人制宜、就地制作、方便快捷、节约成本的优点,正好能满足个体化、精准化医疗的需求,有极为广阔的发展空间。

1. 医用模型

医用模型是利用 3D 打印技术将计算机影像数据信息形成实体结构,广泛用于外科手术和医学教学。用 3D 打印技术铸造的解剖模型是经过对特定病人使用医疗成像的数据研究而得到的数据,主要是针对计算机断层扫描(Computed Tomography,CT)或锥形束计算机层析成像(Cone Beam Computed Tomography,CBCT)所得到的数据。3D 打印医用模型可以为诊断、治疗和教学提供直观、能触摸的信息记录,利于深入研究,从而使医生和病人之间的交流更方便,可以用于复杂外科手术的策划,这些手术往往需要在三维模型上进行操练。

例如,对于复杂的额面外科手术,术前需要用病人头颅同样大小的模型进行手术演练,以便进行手术前的各项策划,显著增强医生的信心、减少操练时间。又比如得到病人的骨内或软组织结构的物理副本,便于医生规划一些复杂的手术程序或决定最佳的动作方案。通常情况下,使用模型来计划骨整形手术包括:神经外科,口腔颌面外科,脊柱外科,整形外科,耳鼻喉科(耳、鼻、喉手术)外科。模型最常见的用途包括弯曲金属板的固定和测量或拟合复杂设备旨在延长或缩短骨段,如腿或颌骨。这些模型的骨解剖报告的好处包括缩短手术时间,在保证更好效果的基础上,优化骨重建,并且可定制适合病人的独特解剖。图 5 - 3 所示为用 3D 打印技术制造的医学模型。

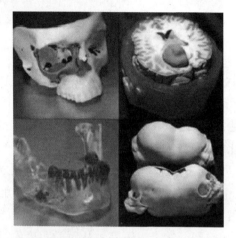

图 5 - 3 用 3D 打印技术制造的医学模型

3D Systems 公司的 Pro Jet 3500 系统采用多喷头建模技术来制作用于传统铸造和牙科模型的蜡模,如图 5 - 4 所示。

图 5 - 4 为顶盖、冠和桥梁制作的蜡模

此外，3D 打印医用模型在医学教育方面有很好的应用前景。3D 打印技术不但可以弥补解剖标本的缺乏，还可通过适当缩放帮助医学生更好地理解解剖结构。传统医学教学模型制作方法时间长，且搬运过程容易损坏，使用 3D 打印技术，可有效减少制作时间，根据需要随时制作，并降低搬运损坏的风险。

　　3D 打印技术还可为年轻医师创造手术训练机会，通过 3D 打印技术建立的手术模型可用于培训并加强青年医师的手术技能。美国一位儿科医生成功打印制作出人体心脏实物模型，她认为，打印出的模型能用于复杂手术术前研究，使手术操作人员更好地掌握患者心脏结构，以此减少手术风险。美国某医院在所实施的头颅分离手术前，先使用 3D 打印技术造出了婴儿连体头颅模型，并对手术方案进行充分的研究分析。他们将同类型手术的 72 小时耗时缩短到了 22 小时。

　　随着当今医学教育导向从框架性知识结构记忆到基于问题的教学转化，现代医学教育理念强调个体化和以病人为中心的教学模式。在此理念下，3D 打印技术拥有无可比拟的优势。经过简单无创扫描，3D 打印技术可对经典病例到罕见临床情况进行忠实记录和高度复制，成品的应用空间不仅限于基本知识和技能讲授，更可在高级研修培训和技术探索中发挥重要作用。

　　目前，3D 打印医学模型已获得较好的技术支持，能使用多种材质进行打印，应用程度高，有着很好的应用前景，与之同步的医疗器械也进入 3D 打印制造的范畴，个性化器械应运而生。

　　2. 假体和人体植入物

　　人体组织器官替代物一直是临床医学的一个难题，随着科学技术的发展，3D 打印人体器官已经成为可能。假体是用来代替人体中一部分支撑身体维持人体正常活动的辅助物。定制假肢是 3D 打印技术广泛使用的情况之一。为了帮助一个遭受着名为 arthogryposis 病痛（这是一种罕见的先天性障碍疾病：多个关节挛缩，包括肌肉无力和纤维化）折磨的两岁病人 Emma，对 Emma 来说，WREX 金属装置太重，太烦琐，因而两名美国科学家利用 3D 打印机，别出心裁地用塑料给 Emma 制造出一副机械手臂。他们将成人使用的机械臂按比例缩小，并将打印命令输入 3D 打印机，3D 打印机可以直接制作出成型的机械臂。由于塑料重量远比金属轻，Emma 可以戴着这种机械臂自由活动双手，现在她能够吃饭、画画，像其他孩子一样玩耍，如图 5-5 所示。

图 5-5 用 3D 打印机制造的机械臂

3D 打印技术已经比较成熟应用在牙齿种植领域。由于每一个人的牙齿都不一样,每一位病人的骨骼损坏程度也不一样,采用传统修复方法,不但成本高,而且耗费时间长,会给病人在承受疾病痛苦的同时,带来经济上的压力。而 3D 打印技术正好符合这种个性化、复杂化、高难度的技术需求。图 5-6 所示为 3D 打印成型的钴铬顶盖。

图 5-6 3D 打印成型的钴铬顶盖

3D 打印技术最新的牙科应用是可局部摘除的义齿和牙齿模型。口腔扫描仪让牙科医生可以直接将文件发送到制造中心,省去了在最后装配时手工修整牙齿的设备。图 5-7 所示为 3D 打印的塑料牙模型。

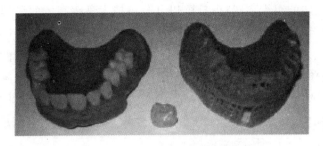

图 5 - 7　3D 打印的塑料牙模型

　　3D 打印技术还可应用于骨科假体与内植物的设计及制作,即根据患者实际情况定制个性化、特殊需求的假体及内植物,以满足解剖及生物力学的需求。目前,标准大小的假体、钢板及螺钉等内植物能满足绝大部分患者临床需求,但在特殊情况下,如患者所需内植物太大或太小,或由于疾病的特殊性无合适商业化产品,或需要与个体解剖结构更为贴附的内植物以提高手术效果时,则需要个性化定制假体及内植物。在制造过程中,研究人员扫描患者骨骼需求位置情况,并设计出骨骼部件的模型,在机器作用下,材料就以层叠方式累积起来,经过固定成形,制成一个人造骨骼实物。实际案例如图 5 - 8 所示。

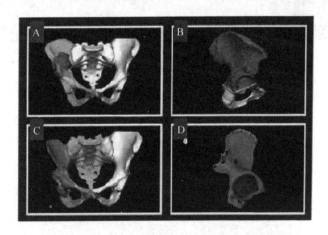

A. 右臂突出的肿瘤　B. 要被移除的大量的骨头
C. & D. 定制植入的人造骨骼

图 5 - 8　定制植入的数字化设计

　　同时,3D 打印技术在打印细胞、软组织、器官等方面也有所发展,早在 2010 年,澳大利亚 Invetech 公司和美国 Organovo 公司合作,尝试了以活体细胞为

"墨水"打印人体的组织和器官;自杭州电子科技大学等高校的科学家研发出中国首台自主知识产权细胞组织 3D 打印机,该 3D 打印机使用生物医用高分子材料、无机材料、水凝胶材料或活细胞,目前已成功打印出较小比例的人类耳朵软骨组织、肝脏单元等。德国研究人员利用 3D 打印机等相关技术,制作出柔韧的人造血管,并能使血管与人体融合,同时解决了血管遭人体排斥的问题。该技术的不断进步和应用的深入将有助于解决人造器官短缺所面临的困难。实际案例如图 5-9 和图 5-10 所示。

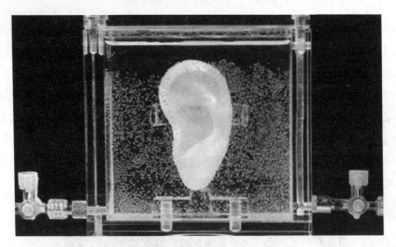

图 5-9　3D 打印的人工耳朵

图 5-10　3D 打印的人工肝脏

此外,植入医疗器械如脑起搏器、心脏起搏器、神经刺激器,作为一种改善患者生理条件的装置在外科治疗中广泛应用,维持患者的生理功能,改善了患者生活质量。但是植入医疗器械手术过程烦琐、创伤大。同时这些设备本身对患者也存在很大潜在风险,比如生物相容性。因此,需要一种新的植入医疗器械方法或者设备,以实现低成本、易操作、微创性、小型化、生物相容性好的目标。

清华大学提出了一种利用 3D 打印技术以微创方式直接在生物体目标组织处喷墨注射成型医疗电子器件的方法。他们首先将生物相容的封装材料注射于体内并固化形成特定结构,然后在此区域内进一步顺次注射具有导电性的液态金属墨水、绝缘性墨水和配套的微纳尺度器件等形成目标电子装置,通过控制微注射器的进针方向、注射部位、注射量、针头移位及速度,完成在体内目标组织处按预定形状及功能 3D 打印终端器械的目标,实现原位微创化植入医疗器械目的。

传统上,许多定制植入物都是由手工制造和设计,用解剖模型作为设计的基础制成的。在骨科手术中,多孔表面对即将被植入骨头的植入物是有所帮助的。使用螺丝钉和机械“锁”骨进入到植入物表面,利于植入物更好地安装和固定。这种锁定是由多孔表面引起的,过去往往通过等离子喷涂涂层等方法生产粗加工“骨友好”的表面来增加平滑植入物。多孔表面可以是三维的,并且它可以作为植入物制造过程的一个组成部分被生产创造。

3D 打印技术已经在医疗应用中取得了一定的进展,当前生产出的很多产品已经得到监管机构的批准。3D 打印实现安全稳定的细胞培养和器官移植尚有相当长的距离,但并非不可实现。

3. 个性化医疗

在日常生活中,皮肤烧伤较为常见。大面积皮肤缺损会引起体液丢失、水电解质紊乱及低蛋白血症、严重感染等,因而皮肤修复具有重要意义。如果全层皮肤缺损直径大于 4 cm,创面不能自行愈合。传统治疗方法是采用自体皮肤或商业皮肤移植修复,但该方法所需材料来源及尺寸有限,准备时间长,在病情严重情况下无法及时挽救患者生命。通过 3D 打印技术制造用于活体皮肤扩增的计算机控制生物反应器系统,可促进伤口愈合并减少疤痕形成,对治疗烧伤有着不可替代的作用。

2010 年,美国维克森林大学再生医学研究所制造了一台能直接修复皮肤缺损的 3D 打印机。首先,利用生物打印机的激光扫描器对患者伤口进行扫描,标示出需要进行皮肤移植的部位；然后，打印机一个喷墨阀喷出凝血酶，另一个喷墨阀喷出细胞、I型胶原蛋白以及纤维蛋白原组成的混合物，通过凝血酶和纤维蛋白原相互反应形成纤维；最后，打印一层角质细胞和纤维细胞，形成皮肤。通过对小鼠皮肤伤口模型打印人成纤维细胞和角质细胞进行验证，表明直接打印两种不同的皮肤细胞可行且细胞均成活；与未作处理的自然对照组相比，通过3D 打印修复的伤口愈合速度更快。

2014 年，美国 Microfab 公司和维克森林大学再生医学研究所合作开发出一种用于真皮修复的喷墨打印机，结合低体积高精度的喷墨系统，控制细胞、生长因子和脱细胞基质的有序沉积，形成皮肤替代物，为患者提供原位快速皮肤修复。该打印机使用的打印材料为融合自体细胞，将细胞打印在皮肤缺损部位后，通过即时交联剂雾化器或紫外光来实现水凝胶材料和细胞的交联固化，形成皮肤替代物。图 5-11 所示为修复创伤制作出的人工耳朵和鼻子。

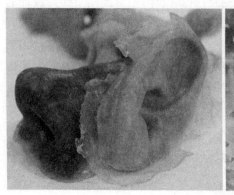

图 5-11　为修复创伤制作出的人工耳朵和鼻子

表皮修复的发展衍生到美容的应用。利用 3D 打印技术制作脸部损伤组织，如耳、鼻、皮肤等，可以得到与患者精确匹配的相应组织，为患者重新塑造头部完整形象，达到美观效果。首先扫描脸部建立起 3D 计算机数据，医生可以制作出患者所缺少的部位，重现原来面貌。比起传统技术，该方法更精确，材质选择更加多样化。据报道，一位左半边脸上长着肿瘤的患者，在做了切除手术后脸上留下了一个大洞。医生利用 3D 打印技术为患者制作了一张假脸。制作中，通过全面扫描患者头骨及面部，根据所得的结果分析并建立起原来的面部三维图像，再打印输出实物，通过使用特殊的材质，再打印制作出与面部完美贴合并且栩栩如生的假脸。英国籍口腔外科医生 Andrew Dawood 成功用 3D 打印修复了患者原先有肿瘤的脸,并获得了认可,如图 5-12 所示。

图 5-12　用 3D 打印技术制造的硅胶假体

随着 3D 打印技术所支持材质的增多,打印质量的精细化以及美容市场的壮大,脸部修饰与美容应用将有更加广阔的天地,应用水平亦将得到进一步提高。3D 打印技术的医学应用成效十分明显,同时也展示出传统工艺无法比拟的优势。但目前尚存在一些问题需要改进。在个体化假体制造方面,能够满足临床应用的材料仅限于金属、陶瓷和塑料,而胶原蛋白、硫酸软骨素、透明质酸和羟基磷灰石等具有良好生物相容性和安全性的生物材料,尚处于实验室研究阶段。在组织工程骨或软骨支架研究方面,如何实现细胞在支架内按照预制组织结构进行精准分布、如何构建营养通道血管、如何提高打印组织的机械性能等都是未来研究方向。

随着组织工程学、数字化医学、新材料和新工艺的不断发展,3D 打印技术应用将更为广阔。3D 打印技术将有力克服组织损坏与器官衰竭的困难。当 3D 生物打印速度提高到一定水平,所支持的材质更加精细全面,且打出的组织器官免遭人体自身排斥时,每个人专属的组织器官都能随时打出,这就相当于为每个人建立了自己的组织器官储备系统。患者有需要即可进行更换,这样人类将有力克服组织坏死、器官衰竭等困难。此外,表皮修复、美容应用水平也将进一步提高。随着打印精准度和材质适应性的提高,身体各部分组织将能更加精细地修整与融合,所制作的材质自然而然成为身体的一部分,有助于打造出更符合审美的人体特征。

5.4　3D 打印技术在航空航天的应用

　　科学家认为,未来航空航天方面的设计和制造都离不开 3D 打印技术,其中包括航空母舰上的各种武器和配套装置、人造卫星的外部构造、火星探测器、空间站,乃至宇宙飞船。航空航天领域也是国内目前运用 3D 打印技术最多的领域。实际应用案例如图 5-13 所示。

(a)　　　　　　　　　　(b)

(c)　　　　　　　　　　(d)

图 5-13　3D 打印技术航空航天领域的应用

　　图中 5-14 中 CubeSat 卫星(a)的几个部件(b)是由激光烧结工艺制成。该卫星的主体结构由 CRP Technology(摩德纳,意大利)的 Windform XT 材料生产制作。这个部件放置在高磷无电镀镍里,用来提供用于跟踪目标的雷达反射。

（a）组装好的 CubeSat 卫星   （b）激光烧结部件（右）

图 5 - 14 CubeSat 卫星

在航空航天的一个持续应用是飞机环境控制系统（ECS）军用和商用管道的生产。波音公司和其供应商正在广泛使用激光烧结技术制造的战斗机管道，比如 787 商用飞机。图 5 - 15 所示为 3D 打印的环境控制系统管道。

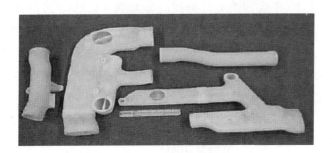

图 5 - 15 3D 打印的环境控制系统管道

波音公司在这之前将组装 20 个或更多的零件来产生一个空气管装配件，组成管道的每个独立部分都需要某种类型的工具。现在，波音公司开始使用 3D 打印一次性制造这些管道。这种做法减少了部件的库存、节省了劳力、优化了整个组装生产线。同时激光烧结零件的重量轻于之前的组件，有助于节省燃料。

波音和其他航空航天公司使用 3D 打印工艺生产的不仅有 ECS 管道，还有电器箱，支架和其他永久安装在飞机上的部分。图 5 - 16 中的是 Northrop Grumman 公司采用激光烧结生产的部件（右），以前的设计（左）包含 9 个焊接在一起的铝件。

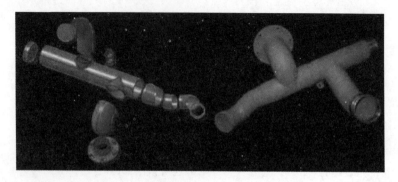

图 5 - 16　Northrop Grumman 公司生产的部件

5.5　3D 打印技术在建筑领域的应用

在建筑行业里,工程师和设计师们已经逐渐开始使用 3D 打印机打印建筑模型,这种方法快速、成本低、环保,而且制作精美,完全合乎设计者的要求,又能节省大量材料。

3D 打印技术在建筑行业有着广泛的应用,包括概念设计、客户交流、模型展示等。使用物理模型是一种能够被广泛接受的用于沟通设计理念的方法,这在建筑行业得到了良好的体现。3D 打印技术使得建筑师和土木工程师能够方便地展示自己的设计理念而不必担心图纸和二维图形令人费解。

在建筑设计上,美学和工程是两个需要考虑的主要问题,模型设计和制造是建筑设计中不可或缺的环节。实体模型除了让客户更了解建筑物的具体设计外,更可用作各方面的测试,如光线测试、可承受风力测试等。以往建筑工程师在设计完成后,便要考虑如何把设计实体化。但有了 3D 打印技术后,不论他们的设计有多复杂,都可以很快被制造出来。图 5 - 17 所示的模型是用 3D 打印技术制作出的建筑模型。

图 5‐17　3D 打印技术制作出的建筑模型

由于 3D 打印技术大大减少了制造模型所花费的时间,这使得企业可以方便快捷地为他们的客户针对不同用途制造各种规格的模型。Blast Deflectors Inc(BDI)为世界各地机场的飞机喷射发动机的场地测试制造飞机围场。BDI 为迪拜的一架飞机制造了一个大型彩色模型。它是由用 Objet 公司和 Zprinter 系列 3D 打印机打印出的零件组成的,并在组装之后上色,如图 5‐18 所示。

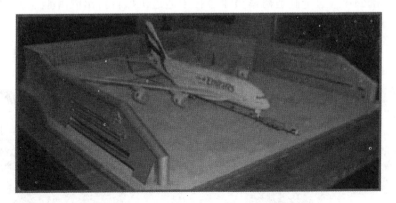

图 5‐18　3D 打印的飞机引擎场地测试模型

3D 打印建筑是通过 3D 打印技术建造起来的建筑物,由一个巨型的 3D 挤出机械构成,挤压头上使用齿轮传动装置来为房屋创建基础和墙壁,直接制造出建筑物。目前已经有公司利用 3D 打印技术制造适合居住的房屋。

2014 年荷兰建筑师 Janjaap Ruijssenaars 利用一台名为 KamerMaker 的大型 3D 打印机"建造"全球首栋 3D 打印住宅建筑,这栋建筑代号"Canal House",共由 13 个房间组成,如图 5-19 和图 5-20 所示。

图 5-19　Canal House 在运河边开工　　　　图 5-20　KamerMaker 打印 出来的实物建筑模块

美国南加州大学的 Khoshnevis 教授和他的团队设计了一种名为"contour crafting"的自动化房屋建造技术,在他们的实验室中,已成功通过全自动的方式"生产"出一栋 1.8 m 高的楼房。将一间经过电脑设计好的房子直接打印出来,除了混凝土外墙,连房屋中的电线、水管等一切都已经就绪。和一般 3D 打印所用的热熔胶不同,这个制造房屋整个过程中通过机械臂挤出混凝土让房子成型,过程中另一只机械臂会加入石膏、木材、聚合材料、砖块来优化和巩固整个产品。

在国内,尤尼科技有限公司和盈创科技公司利用 3D 打印技术造出可供人类居住的简易房屋,如图 5-21 所示。2014 年 8 月 21 日,10 幢 3D 打印建筑在

图 5-21　上海青浦区 10 幢 3D 打印商务房

上海张江高新青浦园区内正式交付使用,作为当地动迁工程的办公用房。这些"打印"出来的建筑墙体是用建筑垃圾制成的特殊"油墨",按照电脑设计的图纸和方案,经一台大型的 3D 打印机层层叠加喷绘而成,10 幢小屋的建筑过程仅花费 24 小时。

5.6　3D 打印技术在其他领域中的应用

1. 军事领域

在军事领域,3D 打印技术给装备保障带来的变化无疑也是革命性的。在未来信息化战场上,无论武器装备处于任何位置,一旦需要更换损毁的零部件,技术保障人员可随时利用携带的 3D 打印机,直接把所需的部件打印出来,装配好就可以让武器装备重新投入战场。据外媒报道,美国陆军已经加入扩展 3D 打印行动。为"增强小型前线作战基地的可持续作战能力",2012 年他们先后向阿富汗战区部署了两个移动远征实验室。实验室由一个 6 m 的集装箱制成,配备有实验室设备、成型机、3D 打印机和其他制造工具,可以将塑料、钢铁和铝等材料打印成战场急需零部件。

图 5 - 22　采用钛合金 3D 打印技术的 Sciaky F - 35 战斗机

美国 Sciaky 公司在 2013 年 1 月 4 日宣布,他们已成功掌握了直接制造的关键技术,即用电子束进行钛合金的 3D 打印。美国空军和洛克希德·马丁公司已经宣布将与 Sciaky 公司进行合作。在 F - 35 战斗机生产过程中,将使用该公司生产的 F-35 战斗机。相比传统生产加工方式,这一新技术生产制造成本更低、寿命也更长。如果未来几千架战机均使用该技术制造金属零部件,那么将可以降低数十亿美元的生产成本。

2. 食品领域

3D 打印在食品领域也有成功的应用,如做成的鲜肉特别有弹性,而且烹饪后肉质有嚼头,丝毫不逊于真正的肉。美国泰尔基金会近日已投资成立了"鲜肉 3D 打印技术公司",希望能够为大众提供安全放心的猪肉产品;德国科技公司 Biozoon 最近推出了一种叫 Smoothfood 的 3D 打印食品,以解决老人的进食困难问题,为进食困难的老年人带来福音,这种食品的制作方法是:将食品原料液化并凝结成胶状物,然后通过 3D 打印技术制造出各种各样的食物。这种食物很容易咀嚼和吞咽,很可能成为老人护理行业的革新者;国内福建省蓝天农场食品有限公司利用 3D 打印技术做出色彩缤纷的个性化饼干,受到儿童和年轻女孩的喜爱,市场销路非常好。

此外,3D 巧克力打印机也已进入市场,图 5-23 所示为正在打印的 3D 巧克力打印机。

图 5-23　3D 巧克力打印机

3. 时尚领域

3D 打印同时也是时尚新宠儿,致力于生产时尚且高性能的产品。耐克在

2013 年 2 月推出了 Vapor Laser Talon，这是它的第一个 3D 打印技术的运动鞋，如图 5‑24 所示。其鞋底采用 3D 打印技术，重量轻，在草地上的抓地力表现非常优秀。

图 5‑24　Vapor Laser Talon

MYKITA 是全球第一家以 MYLON 为品牌推出 3D 打印眼镜生产线的公司。公司以聚酰胺材料为基础的专利自 2007 年以来已经有所发展，它生产出带有优异耐久性的轻量化部件。一个专有的多步骤的表面处理工艺用于激光烧结零件中，以创造出独特的视觉和触觉吸引力。如图 5‑25 所示是一副采用激光烧结技术的镜框。

图 5‑25　采用激光烧结技术的镜框

图 5 - 26 所示的几个模型是用 3D 打印技术制作的艺术品,甚至时尚界也掀起了一股 3D 打印的热潮。图 5 - 27 为 3D 打印出的时装作品,图 5 - 28 为 3D 打印制造的鞋子,融合了时尚和科技的元素,使其更具有吸引力。

图 5 - 26 3D 打印技术制作的艺术品

图 5 - 27 3D 打印技术制造的两款时装作品

图 5 - 28　3D 打印制造的女鞋

　　在 3D 打印出现以前,定制商品,尤其是珠宝这一奢侈品行业,简直堪比 VIP 级别的专属权利。而现在,只需要设计师通过 3D CAD 设计,将珠宝设计图变成现实的 3D 石膏模型,再由珠宝技术人员往石膏模内注入熔化的金属,制作成独一无二的珠宝首饰。只要你有想象力,将你的创意告诉给设计师,3D 打印技术就可以帮你实现。制作过程就与传统高级珠宝定制一模一样,制作成本大大降低,珠宝私人定制变得不再高冷。

图 5 - 29　用 3D 打印技术制作的戒指

4. 文物修复

作为古人智慧的结晶,文物承载着大量人文艺术信息。如今,3D 打印技术以其能够实现"个性化定制"和"采集数据信息无需实际接触文物"等特点,已被运用于文物修复和复制中,成为文物保护意识下最大降低修复与复制中文物二次损坏程度的良好措施和手段之一。

上海印刷(集团)有限公司与新疆龟兹研究院合作开展的"龟兹石窟数字化保护与高精度还原"项目实现了 3D 科技与文化的完美结合。以克孜尔第 1 窟和第 17 窟这一当地最具代表性的石窟为原型,从平面壁画的数据采集到石窟结构的 3D 扫描、建模,"克隆"出了一座内嵌壁画的古洞窟。利用 3D 打印与数字印刷融合技术还原复制的克孜尔石窟据新介绍还原度达到 98%。

由于受风蚀、洪水、地震等自然原因以及历史上人为的原因,石窟的结构以及壁画的破坏已令人触目惊心,这些人类艺术文明的瑰宝面临消失的风险。2008 年以来,上海印刷集团商务数码公司和新疆龟兹研究院合作,历经多次试验,实现了龟兹洞窟、壁画及佛像的数字化保护管理和异地复制展示,为文物数字化保护管理探索了一条新路。

图 5-30 用 3D 打印技术复制的两尊半身天人塑像

美国德雷塞尔大学的研究人员通过对化石进行 3D 扫描,利用 3D 打印技术制作出了适合研究的 3D 模型,不但保留了原化石所有的外在特征,同时还进行了比例缩减,使之更适合研究。

5.7　各成型工艺应用案例

5.7.1　SLA 应用

光固化成型由于具有成型过程自动化程度高、制作原型表面质量好、尺寸精度高以及能够实现比较精细的尺寸成型等特点,使之得到最为广泛的应用,包括在航空、汽车、电器、消费品以及医疗等行业的应用。

在航空航天领域的应用,SLA 模型可直接用于风洞试验,进行可制造性、可装配性检验。航空航天零件往往是在有限空间内运行的复杂系统,在采用光固化成型技术以后,不但可以基于 SLA 原型进行装配干涉检查,还可以进行可制造性讨论评估,确定最佳的合理制造工艺。

通过快速熔模铸造、快速翻砂铸造等辅助技术,进行特殊复杂零件(如涡轮、叶片、叶轮等)的单件、小批量生产,并进行发动机等部件的试制和试验,图 5 - 31(a)为 SLA 技术制作的叶轮模型。

(a) 叶轮模型　　　　　　　(b) 发动机关键零件　　　　　　(c) 导弹模型

图 5 - 31　SLA 原型应用

航空领域中发动机上许多零件都是经过精密铸造来制造的,对于高精度的木模制作,传统工艺成本极高且制作时间也很长。采用 SLA 工艺,可以直接由 CAD 数字模型制作熔模铸造的母模,时间和成本可以得到显著的降低。数小时之内,就可以由 CAD 数字模型得到成本较低、结构又十分复杂的用于熔模铸造的 SLA 快速原型母模。图 5 - 31(b)为基于 SLA 技术采用精密熔模铸造方法制造的某发动机的关键零件。

利用光固化成型技术还可以制作出多种弹体外壳,装上传感器后便可直接进行风洞试验。这样的方法节约了制作复杂曲面模的成本和时间,从而可以更快地从多种设计方案中筛选出最优的整流方案,缩短了验证周期和开发成本,并且可在未正式量产之前对其可制造性和可装配性进行检验,图 5 - 31(c)为 SLA 技术制作的导弹模型。

5.7.2　LOM 应用

1. 汽车车灯

随着汽车制造业的迅猛发展,车型更新换代的周期不断缩短,导致对与整车配套的各主要部件的设计也提出了更高要求。其中,汽车车灯组件的设计,要求在内部结构满足装配和使用要求外,其外观的设计也必须达到与车体外形的完美统一。3D 打印技术的出现,较好地迎合了车灯内部结构与外观开发的需求。

下图 5 - 32 所示为某车灯配件公司为国内某大型汽车制造厂开发的某型号轿车车灯 LOM 原型,通过与整车的装配检验和评估,显著提高了该组车灯的开发效率和成功率。

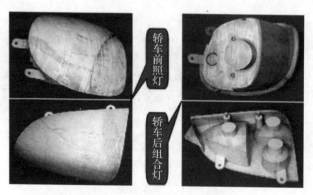

图 5 - 32　LOM 打印的车灯

2. 铸铁手柄

某机床操作手柄为铸铁件,人工方式制作砂型铸造用的木模十分费时,而且精度得不到保证。随着 CAD/CAM 技术的发展和普及,具有复杂曲面形状的手柄的设计可以直接在 CAD/CAM 软件平台上完成,下图 5 - 33 所示为铸铁手柄的 CAD 模型和 LOM 原型,借助叠层实体制造技术,可以直接由 CAD 模型高精度地快速制作砂型铸造的母模,极大地缩短了产品生产的周期并提高了产品的精度和质量。

图 5‑33　铸铁手柄的 CAD 模型（左）和 LOM 原型（右）

3. 在制鞋业中的应用

当前国际上制鞋业的竞争日益激烈，而美国 Wolverine World Wide 公司无论在美国国内市场还是在国际上都一直保持着旺盛的销售势头，该公司鞋类产品的款式一直保持着快速的更新，能够时时为顾客提供高质量的产品，使用 3D 打印的 LOM 快速原型加工技术正是该公司成功的关键。

Wolverine 的设计师们首先设计鞋底和鞋跟的模型或图形，从不同角度用各种材料产生三维光照模型显示，这种高质的图像显示使得在开发过程中能及早地排除任何看起来不好的装饰和设计，如图 5‑34 所示。

图 5‑34　LOM 打印鞋子模型

即使前期的设计已经排除了许多不理想的地方，但是投入加工之前，Wolverine 公司仍然需要有实物模型。鞋底和鞋跟的 LOM 模型非常精巧，但其外观是木质的，为使模型看起来更真实，可在 LOM 表面喷涂。每一种鞋底配上适当的鞋面后生产出样品，放到主要的零售店展示，以收集顾客的意见。根据顾客所反馈的意见，计算机能快速地修改模型，根据需要，可再打印相应的 LOM 模型和式样。

5.7.3 SLS 应用

SLS工艺可快速制造所设计零件的原型,并对产品及时进行评价、修正,以提高设计质量;可使客户获得直观的零件模型;能制造教学、试验用复杂模型。SLS制造的零件可直接作为模具使用,如熔模铸造、砂型铸造、注塑模型、高精度形状复杂的金属模型等;也可以将成型件处理后作为功能零件使用。

利用SLS工艺还可以开发一些新型的颗粒以增强复合材料和硬质合金,如图5-35所示。

图 5 - 35　SLS 产品实例

在医学上,SLS工艺烧结的零件由于具有很高的孔隙率,可用于人工骨的制造。根据国外对于用SLS技术制备的人工骨进行的临床研究表明,人工骨的生物相容性良好。图5-36所示是SLS技术医学应用的实例。

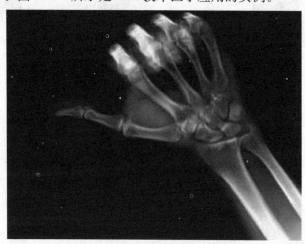

图 5 - 36　SLS 技术医学应用的实例

5.7.4　FDM 应用

从事模型制造的美国 Rapid Models & Prototypes 公司采用 FDM 工艺为生产厂商 Laramie Toys 制作了玩具水枪模型，如图 5－37 所示。借助 FDM 工艺制作该玩具水枪模型，通过将多个零件一体制作，减少了传统制作方式制作模型的部件数量，避免了焊接与螺纹连接等组装环节，显著提高了模型制作的效率。

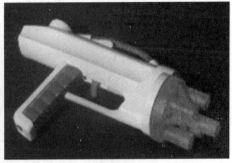

图 5－37　FDM 工艺打印的玩具水枪模型

在我们的生活中，FDM 的工艺也无处不在，图 5－38、图 5－39、图 5－40、图 5－41 均为采用 FDM 工艺加工的各种物品。

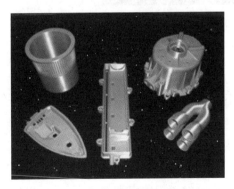
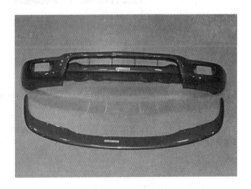

图 5－38　耐高温构件　　　　　**图 5－39　汽车保险杠**

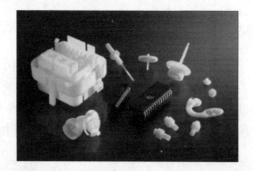

图 5-40 各种小齿轮

图 5-41 3D 打印的艺术头像

5.7.5 3DP 应用

3DP 技术不仅可以打印钛合金一类的高强度材料,还可以打印陶瓷和玻璃,甚至打印混凝土制品、食品和生物细胞等,3DP 工艺的优点显著。随着 3D 打印技术的不断发展,3DP 技术的应用已经极为广泛。

1. 家居用品

由于没有制造过程的限制,设计师可以充分发挥想象力和创造力,设计出独一无二的艺术品、灯饰、夹具、首饰、玩具,使家庭具有充满个性化的艺术氛围。自己可以随时打印所需的日常用品,包括鞋子、发夹、首饰、玩具等。图5-42为采用 3DP 技术制作的各种家居用品,极大地增加了生活的方便性和趣味性。

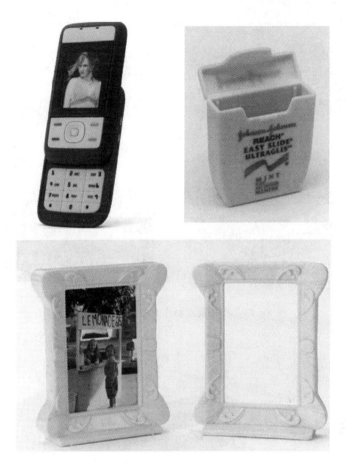

图 5－42　3DP 制作的家居用品

2. 彩色建筑模型

在建筑领域,3DP 除用于制作复杂的、大型的、超现代创意的建筑模型外,还可用于房屋的快速直接建造,图 5－43 所示为采用 3DP 技术制作的各种建筑模型。相比传统制作方式,3D 打印模型更为逼真、精确,已经得到广大建筑师的推崇。

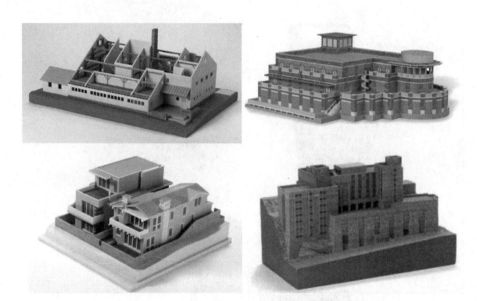

图 5‑43   3DP 技术制作的各种彩色建筑模型

参考文献

［1］杨继全,戴宁,侯丽雅. 三维打印设计与制造［M］. 北京:科学出版社,2013.

［2］谭程,李茂华. 先进机械制造技术创新和应用［J］. 城市建设理论研究,2013(20).

［3］王莉,李予. 3D 打印技术分析［J］. 印刷质量与标准化,2013(10):15-18.

［4］胡迪·利普森,梅尔芭·库曼. 3D打印:从想象到现实［M］. 北京:中信出版社,2013.

［5］Terry Wohlers. RP/RT State of the Industry:2001 Executive Summary［J］. Time-Compression Technologies. 2001,11.

［6］杨继全,冯春梅. 3D打印——面向未来的制造技术［M］. 北京:化学工业出版社,2014.

［7］吕柏源,黄恩群. 3D打印技术与橡胶工业［J］. 中国橡胶,2013(19):20-23.

［8］崔庚彦,宋艳芳. 光固化成型技术的特点及应用［J］. 技术与市场,2014(9):35.

［9］鲁中良,姜博,周江平,苗恺,李涤尘. 基于光固化成型技术的空心叶片陶瓷铸型制造缺陷控制［J］. 机械工程学报,2014(21):111-117.

［10］邱国旺. 基于 LOM 工艺快速成型的快速模具制造［J］. 装备制造,2009(11):171-172.

［11］潘琰峰,沈以赴,顾冬冬,胥橙庭. 选择性激光烧结技术的发展现状［J］. 工具技术,2004(6):3-7.

[12] 张冰,刘军营. 快速成型技术及其发展[J]. 农业装备与车辆工程,2006 (12):47-51.

[13] 赵火平,樊自田,叶春生. 三维打印技术在粉末材料快速成形中的研究现状评述[J]. 航空制造技术,2011(9):42-45.

[14] 牛爱军,党新安,杨立军. 快速成型技术的发展现状及其研究动向[J]. 金属铸锻焊技术,2008(5):116-118.

[15] 蒋亚宝. 三维打印:未来加工技术的愿景——访同济大学现代制造技术研究所所长张曙教授[J]. 金属加工(冷加工),2013(4):5-8.

[16] 杨继全. 三维打印产业发展概况[J]. 机械设计与制造工程,2013(5): 1-6.

[17] 叔平. "中国制造"当自强[J]. 上海质量,2014(3):13-15.

[18] 苏北. 新工业革命全球竞争新战略[J]. 上海信息化,2014(4):16-20.

[19] 邵娟,霍文国. 浅析金属粉末选择性激光烧结快速成型技术[J]. 冶金丛刊,2007(2):21-23.

[20] 周振君,丁湘,郭瑞松,杨正万,袁启明. 陶瓷喷墨打印成型技术发展[J]. 硅酸盐通报,2000(6):37-40.

[21] 中国制造业转型升级新方向:三维数字化技术成核心[J]. 中国科技纵横,2013(18):22-23.

[22] 赵万华,李涤尘,卢秉恒. 光固化快速成型中零件变形机理的研究[J]. 西安交通大学学报,2001(7):705-708.

[23] 吴懋量,方明伦,胡庆夕. 快速成型零件变形分析[J]. 机械设计与制造,2004(5):111-113.

[24] 孙聚杰. 3D 打印材料及研究热点[J]. 丝网印刷,2013(12):34-39.

[25] 李涤尘,田小永,王永信,等. 增材制造技术的发展[J]. 电加工与模具,2012(1):20-22.

[26] 杜宇雷,孙菲菲,原光,翟世先,翟海平. 3D 打印材料的发展现状[J]. 徐州工程学院学报(自然科学版),2014(1):20-24.

[27] 崔学民,欧阳世翕. LOM 制造工艺在陶瓷领域的应用研究[J]. 陶瓷,2002(4):25-27.

[28] 黄明杰,张杰. 硫酸钙(石膏)在 3D 打印材料中的应用综述[J]. 技术应用,2014(12):85-86.